BiVO$_4$基Z型异质结的电荷调控及其在光催化还原CO$_2$中的应用

边辑 著

黑龙江大学出版社
HEILONGJIANG UNIVERSITY PRESS
哈尔滨

图书在版编目（CIP）数据

$BiVO_4$ 基 Z 型异质结的电荷调控及其在光催化还原 CO_2
中的应用 / 边辑著 . -- 哈尔滨 ：黑龙江大学出版社，
2024.4（2025.3 重印）
ISBN 978-7-5686-1113-8

Ⅰ. ①B… Ⅱ. ①边… Ⅲ. ①光催化－应用－氧化还
原反应－研究 Ⅳ. ① O621.25

中国国家版本馆 CIP 数据核字（2024）第 082916 号

$BiVO_4$ 基 Z 型异质结的电荷调控及其在光催化还原 CO_2 中的应用
BiVO₄ JI Z XING YIZHIJIE DE DIANHE TIAOKONG JI QI ZAI GUANGCUIHUA HUANYUAN CO₂ ZHONG DE YINGYONG

边辑 著

责任编辑 李 丽 梁露文
出版发行 黑龙江大学出版社
地 址 哈尔滨市南岗区学府三道街 36 号
印 刷 三河市金兆印刷装订有限公司
开 本 720 毫米 ×1000 毫米 1/16
印 张 12.5
字 数 210 千
版 次 2024 年 4 月第 1 版
印 次 2025 年 3 月第 2 次印刷
书 号 ISBN 978-7-5686-1113-8
定 价 48.00 元

目　录

第1章 绪论

1.1 引言

随着工业化进程加快和人口数量增加,全球能源需求量也在持续增长。全球能源消费总量的 80%~90% 都依赖于化石燃料。由于全球能源需求量的增长,化石能源消费也在不断增加,这进一步导致 CO_2 等温室气体排放量的增长。过多的 CO_2 等温室气体排放将加剧全球变暖的趋势,对生态环境安全、人类生命健康、社会与经济和谐发展将造成严重威胁和损害。

为避免情况恶化,世界各国提出了各种策略以减少化石燃料的使用。例如提高能源消耗效率、降低人均使用量以减少化石燃料的消耗量,再如开发可再生能源(如太阳能、波能、风能、生物质能等)以取代传统化石燃料,还有发展有效的 CO_2 捕获和转化技术以减少温室气体排放等。

利用光催化、电催化、光电催化等技术手段,将 CO_2 转化成含碳燃料已成为一种绿色、可持续的能源转化策略,备受科学工作者的关注。其中,利用太阳能驱动的光催化技术能够高效地将 CO_2 转换成具有高附加值的燃料(如 CO、CH_3OH、CH_4 和 C_2H_6O)和其他化学品,从而实现碳的循环利用,是缓解能源短缺问题和环境污染问题的理想途径之一。

1978 年,Halmann 等人通过光电催化的方式将 CO_2 转换成液体燃料。这是光电催化领域关于 CO_2 还原的首次报道。1979 年,Inoue 等人也在水溶液体系中,通过光催化还原的方式成功实现了 CO_2 还原。自此之后,光催化 CO_2 还原技术开始迅速发展。Jean-Marie Lehn 等人制备了一种均相催化剂 $Ru(bipy)^{2+}/Co(bipy)^{2+}$,在叔胺和乙腈的混合水溶液中,该催化剂可以实现光催化 CO$_2$ 还原,产物包括 CO 和 H$_2$,且两者的比例可以调节。另外,Robert 等人在相似的体系中,采用分子铁作为光催化剂,同样实现了光催化 CO$_2$ 还原,但是主产物为 CH$_4$。此外,Hoffmann 等人报道了一种由 Cu 和 CdS 量子点修饰的钛酸钠三元异质结,这种结构能够在不添加任何牺牲剂的水中,将 CO$_2$ 通过光催化还原的方式转换成 C$_1$—C$_3$ 的碳氢化合物。Ishihara 等人制备的超薄 WO$_3$ · 0. 33H$_2$O 纳米管可将 CO$_2$ 选择性地光催化还原成 CH$_3$COOH,选择性高达 85%。尽管光催化 CO$_2$ 还原技术已经取得了诸多研究成果,但是较低的转换效率仍是其实际应用中需要克服的难题。

1.2 半导体光催化材料

光催化反应是一种兼具光物理反应和光化学反应的复杂反应过程,包括光生电荷的激发、分离、迁移、复合和后续在半导体表面发生的光化学反应。光催化的过程主要分为三个阶段,分别为:半导体吸收具有一定能量的光子,产生具有氧化能力的空穴和具有还原能力的电子;光生电子-空穴对从半导体内部向半导体表面迁移;光生空穴与供体发生氧化反应,光生电子与受体发生还原反应。它们在迁移时,可能有如图 1-1 所示的几种路径。最理想的是路径①和路径②,光生电子和光生空穴直接迁移至表面,分别发生还原反应和氧化反应,但此路径将与大量载流子的复合路径发生竞争;路径③表示的是光生电子或空穴与半导体表面的带有相反电荷的粒子复合;路径④表示的是光生载流子在体相中复合。无论是上述的哪种复合路径,都会降低光催化反应的效率。因为影响复合速率的因素有很多,如光生电荷的迁移速率、光生载流子的捕获情况、半导体晶格中的缺陷密度以及材料界面存在的电子或空穴阱。

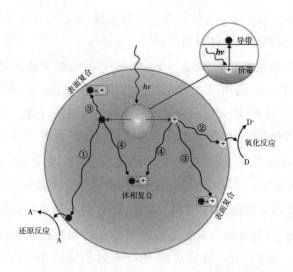

图 1-1 半导体受光激发产生电子-空穴对的迁移路径

图 1-1 中的①路径为光生电子迁移至半导体表面发生还原反应。以光催化分解水制氢反应和 CO_2 还原反应为例对此进行分析。这两个反应发生的过程主要可以分三步:(1)半导体受光激发产生光生电子和光生空穴;(2)光生载流子发生分离和迁移;(3)光生电子与水或 CO_2 发生还原反应。对于光催化析氢反应来说,将水还原成 H_2 是两电子过程,即 $2H^+ + 2e^- \rightarrow H_2$;当光生电子的能量高于氢的还原电位时,此反应即可发生。而光催化 CO_2 还原将其转化成碳氢燃料的过程则是一个更加复杂也更具有挑战性的光物理和光化学过程。其产物可能是 $HCOOH$、$HCHO$、CH_3OH、CO、CH_4。

以上讨论的是光生电子发生的反应,而对于光生空穴来说,其与水反应是四电子过程,也就是我们常说的水氧化反应。这是光催化分解水的决速步骤。光生空穴也可与有机污染物直接反应,也就是我们常说的降解污染物的反应。光生空穴与水反应会生成具有高活性的羟基自由基,可将有机物氧化成无污染的小分子。半导体材料的吸光能力、电荷分离的程度和表面催化反应的有效性是评估光催化活性的重要影响因素。

基于固体能带理论,半导体材料费米能级附近的电子能级是不连续的。其能带结构一般由充满电子的价带和未填充电子的导带组成。价带和导带之间的空隙,被称为禁带或带隙,用 E_g 表示。光催化材料按照禁带宽度,可分为宽禁带半导体材料和窄禁带半导体材料。一般来说,宽禁带半导体材料的禁带宽度大于 3.0 eV,窄禁带半导体材料的禁带宽度小于 3.0 eV。由半导体的吸光波长阈值(λ_g)与禁带宽度的关系($\lambda_g = 1\,240/E_g$)可知,半导体的禁带越宽,吸收光的波长越短,那么可利用的太阳光光谱范围便越窄;反之,半导体的禁带越窄,吸收光的波长越长,那么可利用的太阳光光谱范围便越宽。

一般来说,宽禁带半导体材料的导带位置较负且价带位置较正,因此具有较强的氧化还原能力,可以有效驱动光催化反应。二氧化钛(TiO$_2$)、氧化锌(ZnO)、钛酸锶(SrTiO$_3$)等均是非常经典的宽禁带半导体材料,被广泛应用于光催化析氢反应及污染物降解等领域。其中,TiO$_2$ 是一种典型的具有 d^0 配位环境的金属氧化物,其导带能级位置足够驱动 CO$_2$ 转化为碳氢化合物。Xie 等人制备的 1.66 nm 厚的 TiO$_2$ 薄片可将 CO$_2$ 高效还原成 HCOOH,其产率高达 1.9 μmol · g^{-1} · h^{-1},约为块体 TiO$_2$ 的 450 倍。但是,宽禁带半导体材料只能吸收紫外光,对太阳光的利用率较低。这限制了它们的实际应用。相比之下,窄禁带半导体材料的吸光范围更宽,特别是可见光区和近红外光区占太阳光能量的 45% 左右。因此,对窄禁带半导体材料的研究成为热点。窄禁带半导体材料按照能带结构,可分为氧化物半导体材料和还原物半导体材料。图 1-2 所示为一些常见的氧化物半导体材料和还原物半导体材料的能带结构位置。

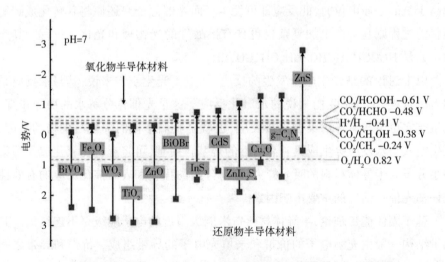

图 1-2　一些常见的氧化物半导体材料和还原物半导体材料的能带结构

还原物半导体材料通常具有较负的导带位置,光生电子起主要作用,主要应用于生产太阳能燃料。常用的还原物半导体材料有 $g\text{-}C_3N_4$、金属硫化物(如 CdS、$Zn_xCd_{1-x}S$、$ZnIn_2S_4$)、氮(氧)化物(如 Ta_3N_5、$TaON$)等。在还原物半导体材料中,石墨相 $g\text{-}C_3N_4$ 因具有出色的理化特性、良好的热稳定性和易于调变的能带结构等优点而被广泛应用于能源生产、存储和转换相关的各个领域。$g\text{-}C_3N_4$ 是一种层状高分子材料,以三嗪杂环为结构基元,结构类似石墨烯。这种非金属共轭半导体材料具有合适的带隙,能够吸收可见光。重要的是,$g\text{-}C_3N_4$ 的导带位置足够负,在热力学上能够满足光催化析氢及 CO_2 还原反应的电位。与石墨烯类似,$g\text{-}C_3N_4$ 表面的大 π 网络结构能够通过 $\pi\text{-}\pi$ 相互作用促进 CO_2 分子的吸附。Niu 等人发现,$g\text{-}C_3N_4$ 纳米片可以将 CO_2 选择性地转化成 CH_4,而块体 $g\text{-}C_3N_4$ 的主要还原产物则包括 CH_3CHO 等。此外,可以通过改变 $g\text{-}C_3N_4$ 纳米片的组成、调控 $g\text{-}C_3N_4$ 纳米片的形貌、精准设计并选择合适的半导体与 $g\text{-}C_3N_4$ 纳米片构建复合材料体系等策略有效改变 $g\text{-}C_3N_4$ 的性能。有研究表明,通过调控合成多孔纳米结构的 $g\text{-}C_3N_4$,可以显著增大其比表面积。这不仅有利于增强 CO_2 在 $g\text{-}C_3N_4$ 表面的吸附,还有利于促进 CO_2 的转化,将其还原成具有高附加值的化学品。

金属硫化物因其制备方法简单、能带位置合理且对可见光的响应良好而引发了广泛关注。但是,硫化物在水相分散体系中,晶格 S^{2-} 会被氧化成单质硫,最终氧化成硫酸盐,因此其光稳定性往往较差。密度泛函理论(DFT)及第一性原理计算和 X 射线吸收精细结构谱表明,与体相结构相比,纳米片结构的半导体材料往往会发生结构畸变。这种畸变会增加导带和价带边缘处的态密度,从而增大纳米片的电导率并促进电荷转移。Chen 等人证明,在 CH_3OH 存在的条件下,$ZnIn_2S_4$ 六方纳米片比 $ZnIn_2S_4$ 立方纳米片的光催化 CO_2 还原性能更好;与 $ZnIn_2S_4$ 微球相比,$ZnIn_2S_4$ 六方纳米片和 $ZnIn_2S_4$ 立方纳米片均显示出更好的性能。此外,富含 Zn 空位的单原子层厚的 $ZnIn_2S_4$ 具有极好的光催化 CO_2 还原性能,其 CO 生成速率($33.2\ \mu mol \cdot g^{-1} \cdot h^{-1}$)约为具有很少 Zn 空位的单原子层厚 $ZnIn_2S_4$ 的 3.6 倍。

除了金属硫化物外,氧化物半导体材料在光催化领域也扮演着重要角色。它们具有较正的价带,光生空穴起主要作用。氧化物半导体材料主要应用于环境降解及水氧化等领域。常用的氧化物半导体材料有 $BiVO_4$、Fe_2O_3、WO_3 等。

Guo 等人利用原位热转化法制备了 FeS$_2$/Fe$_2$O$_3$ 纳米复合材料,该材料可用于降解卡马西平和六价铬。其中最佳样品对卡马西平的降解率可达 65%,在 30 min 内可将六价铬全部降解。Fan 等人采用静电自组装和原位沉积两步法制备了 Ag-AgCl/WO$_3$/g-C$_3$N$_4$(AWC)纳米复合材料用于光催化降解抗生素。结果表明,浓度为 0.5 g · L^{-1} 的 AWC 可在 60 min 内将 4 mg · L^{-1} 的三羟甲基丙烷完全降解。

1.3 光催化 CO$_2$ 还原

1.3.1 基本原理

一般来说,一个完整的光催化 CO$_2$ 还原反应过程主要涉及三个步骤:半导体光催化材料吸收光、光生载流子发生分离和迁移、材料表面发生氧化还原反应。如图 1-3 所示。

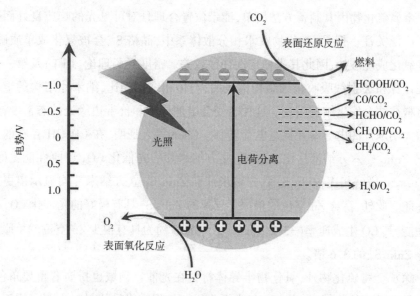

图 1-3 光催化 CO$_2$ 还原涉及的主要过程示意图

在这三个主要的步骤中,半导体光催化材料的光吸收是发生后续两个步骤的先决条件。此外,光生载流子的非定向迁移容易导致其在光催化材料的体相发生严重复合,不利于光催化性能的提高。也就是说,整体的光催化 CO_2 还原效率是由光吸收效率(η_{abs})、电荷分离和迁移效率(η_{cs})、表面氧化还原反应效率(η_{redox})三个参数共同决定的,而产物的选择性却强烈依赖于 CO_2 还原的热力学电位和反应路径的动力学势垒。因此,光催化 CO_2 还原总效率(η_{total})可以表示为 $\eta_{total} = \eta_{abs} \times \eta_{cs} \times \eta_{redox}$。这也就意味着,如果一个催化剂具有较强的光吸收能力、较高的电荷分离和迁移效率、丰富的表面催化活性位点,那就可称其是一种有潜力的光催化 CO_2 还原材料。

CO_2 在标准条件下是一种相对稳定的化学物质,这是因为要打破 C=O 键需要很高的能量($750\ kJ \cdot mol^-$),并且在其最高占据分子轨道(HOMO)和最低未占据分子轨道(LUMO)之间存在较大的带隙(13.70 eV)。此外,大多数反应中,将 CO_2 和水转化为具有价值的碳氢化合物所需要的吉布斯自由能变(ΔG)远大于分解水所需要的 ΔG。因此,驱动 CO_2 还原反应发生的难度更大。实现 CO_2 还原的第一步是 CO_2 化学吸附在光催化剂的表面,CO_2 的直线型结构将会转变成弯曲结构($CO_2 \cdot^-$),这将显著降低 CO_2 的活化势垒。然而,由式(1-1)可知,通过单电子将 CO_2 还原成 $CO_2 \cdot^-$ 需要 $-1.90\ V$ 的还原电位。这在热力学上是非常困难的。如此大的能垒使半导体导带中的光生电子无法提供足够的氧化还原电势来实现这种单电子反应。为了解决这个问题,另一条可行的途径是借助多质子和电子反应避开形成 $CO_2 \cdot^-$ 的反应路径,从而降低 CO_2 还原反应的热力学势能要求。由式(1-2)~式(1-6)可知,根据所需电子和质子的数量,可以将 CO_2 还原为多种含碳产物,如 HCOOH、CO、HCHO、CH_3OH 和 CH_4 等。因为存在多电子动力学过程,所以实际上包含了多个反应步骤和反应中间体的 CO_2 还原反应是非常复杂的。尽管科研工作者对此已经进行了大量的研究,但是 CO_2 还原过程的相关机制依然有待进一步探讨。

$$CO_2(g) + e^- \rightarrow CO \cdot_2^- \quad E^\circ = -1.90\ V \tag{1-1}$$

$$CO_2(g) + 2H^+ + 2e^- \rightarrow HCOOH(l) \quad E^\circ = -0.61\ V \tag{1-2}$$

$$CO_2(g) + 2H^+ + 2e^- \rightarrow CO(g) + H_2O(l) \quad E^\circ = -0.53\ V \tag{1-3}$$

$$CO_2(g) + 4H^+ + 4e^- \rightarrow HCHO(g) + H_2O(l) \quad E^\circ = -0.48\ V \tag{1-4}$$

$$CO_2(g) + 6H^+ + 6e^- \rightarrow CH_3OH(l) + H_2O(l) \quad E^\circ = -0.38 \text{ V} \quad (1-5)$$

$$CO_2(g) + 8H^+ + 8e^- \rightarrow CH_4(g) + 2H_2O(l) \quad E^\circ = -0.24 \text{ V} \quad (1-6)$$

一个完整的光催化 CO$_2$ 还原反应的发生需要考虑氧化半反应,但它常被忽略。因为消耗材料导带中积累的光生空穴可有效防止材料的光腐蚀,从而增强其稳定性。在一些体系中,常采用醇类和有机胺类牺牲剂来捕获光生空穴。然而,这些牺牲试剂一旦被消耗完,氧化半反应也将终止。这对于连续的光催化 CO$_2$ 还原反应的发生是不利的。

理想情况下,水可以作为给电子体被氧化成质子和 O$_2$ 或者 · OH,这一过程如式(1-7)和式(1-8)所示。然而,产生的质子可以进一步与光生电子反应产生 H$_2$,见式(1-9)。这也是 CO$_2$ 还原的主要竞争反应。由式(1-5)、(1-6)和式(1-8)可知,在热力学上,将 CO$_2$ 转换成 CH$_3$OH 和 CH$_4$ 所需的氧化还原电位比两电子析氢反应电位更低,因此这些反应更容易发生。但是因为这些还原产物的还原电位比较接近,所以在有水存在的体系中想要实现 CO$_2$ 高选择性的还原是很困难的。因此,通常利用负载助催化剂的方法抑制析氢过程,从而提高反应的选择性。同时,O$_2$ 从催化剂表面脱附也是非常重要的。一般来说,形成 O$_2$ 的吸附能较大,较难从催化剂表面脱附。这会引发一系列问题。首先,吸附的 O$_2$ 占据 CO$_2$ 在催化剂表面的吸附活性位,这将阻止 CO$_2$ 的进一步还原。其次,由式(1-10)可知,将 O$_2$ 还原成 O$_2^-$ 的单电子反应会令本应参与 CO$_2$ 还原反应的电子数量减少。此外,存在 O$_2$ 也会导致还原得到的碳氢产物进一步被氧化,从而降低光催化产率。

$$2H_2O(l) + 4h^+ \rightarrow O_2(g) + 4H^+ \quad E^\circ = 0.81 \text{ V} \quad (1-7)$$

$$H_2O(l) + h^+ \rightarrow \cdot OH + H^+ \quad E^\circ = 2.31 \text{ V} \quad (1-8)$$

$$2H^+ + 2e^- \rightarrow H_2(g) \quad E^\circ = -0.42 \text{ V} \quad (1-9)$$

$$O_2(g) + e^- \rightarrow O_2^-(g) \quad E^\circ = -0.42 \text{ V} \quad (1-10)$$

因此,理想的光催化 CO$_2$ 还原的材料需满足如下几点要求:(1)多个电子易从光催化剂转移到 CO$_2$;(2)光催化材料的导带底要比 CO$_2$ 及其还原产物的氧化还原电位更负;(3)H$_2$O、CO$_2$ 等反应物及反应过程中产生的碳酸盐类中间产物等需要吸附在催化剂上,产物分子在 CO_2 还原反应完成后应从催化剂表面脱附并扩散到体系中;(4)半导体价带上的光生空穴应被 H_2O 或其他牺牲剂氧化消耗完,否则累积的光生空穴会再次与光生电子复合或者与 CO_2 还原反应获得的还原产物发生反应。

　　通常来说,在 CO_2 还原体系中,理想的光催化剂应具有催化活性中心。其中,电子的转移位点应足够靠近其他的活性位以便作为酸性中心,同时应转移至少一个质子用于生产太阳能燃料。这意味着能够调控光吸收、可促进有效电荷转移、具有足够吸附位点和酸性中心的催化活性位对催化剂的性能是十分重要的。此外,在设计光催化剂时应重点考虑 CO_2 或水的吸附位点以增加反应位点附近底物浓度或降低反应所需活化能。因此,为了提高 CO_2 还原产物的选择性(相对于 H_2),可设计具有足够强吸附能力的催化中心、电子/质子连续传递单元和含有助催化剂的光催化体系。其中,通过负载助催化剂(配合物、金属、金属氧化物纳米粒子等)提高还原产物的选择性的方法是当前被广泛报道的策略之一。例如,Miyauchi 等人报道了负载 Cu_xO 纳米簇作为助催化剂驱动 O_2 反应产生 H_2O_2 和 CO_2 的方法。他们还将 Cu_xO 负载在 $SrTiO_3$(STO)上,CO_2 还原的选择性也提高了 20%。与之类似,将 Ag 团簇负载在 Ga_2O_3 上也可表现出较高的 CO_2 还原选择性。其中,双齿甲酸盐物种为主要的反应中间体。此中间体是源自 Ga_2O_3 表面的单齿碳酸氢盐或双齿碳酸盐物种而不是 Ag 颗粒表面的单齿碳酸盐物种。双齿甲酸盐物种的形成可能发生在 Ga_2O_3 表面上的 Ag 团簇的周围。因为较小的 Ag 团簇增强了 Ga_2O_3 的能带弯曲,提高了 CO_2 还原的选择性。以上结果表明,CO_2 还原产物的选择性(相对于 H_2)不仅与吸附 CO_2 或吸附水的能力有关,还与 CO_2 吸附在光催化剂上产生的活性物种有关。显然,催化活性中心以及反应机理的相关深入探讨对于设计高效的 CO_2 还原光催化剂是十分重要的。

1.3.2　产物来源分析

　　光催化 CO_2 还原反应的催化剂活性通常以产物的生成速率或 CO_2 的转化率为评估标准。然而,因为实验实施的条件,如光源(波长和强度)、助催化剂的用量等不尽相同,所以测试还原反应的表观量子产率(AQY)是更为精准的催化剂活性的评估标准。一般来说,在样品合成过程中残留的有机杂质或碳源的分解会导致产物的生成量更大。但在近期的研究中,Yuan 等人发现了截然不同的现象,即在有含碳杂质残留的情况下,催化剂的 CO$_2$ 还原活性反而降低。在一系列空白试验中,使用 Bi$_2$WO$_6$/TiO$_2$ 光催化剂的体系在 CO$_2$ 反应气氛中,其产物 CH$_4$ 和 CO 的生成速率比在 N$_2$ 反应气氛中更低。这可以从催化剂的 CO$_2$ 还原反应和残留物的降解反应之间存在竞争的角度来解释,因为碳质残留物会抑制 CO$_2$ 还原反应。这也说明了合成无杂质的光催化剂对于准确评估 CO$_2$ 还原反应产物的重要性。因此,为了提高光催化剂活性评估的准确性,应该进行空白试验,例如用惰性气体 N$_2$ 代替 CO$_2$ 进行反应。此外,使用 ^{13}CO$_2$ 或 H$_2$^{18}O 同位素标记的测试结果也可以作为有水参与的光催化 CO$_2$ 还原反应产生的碳产物来源的主要判断依据。由此可知,获得的产物是由 CO$_2$ 和 H$_2$O 转化而来的。此外,还需要考虑 O$_2$ 的相关检测。O$_2$ 与相应产物之间的化学计量比分析非常重要,这有助于确定是否发生了水氧化反应、O$_2$ 吸附反应、光催化剂自氧化反应或碳产物未被检出的情况等。

1.3.3 反应系统

光催化 CO$_2$ 还原需要合适的反应物,该反应物不仅可以与光生空穴发生反应,还可以为 CO$_2$ 还原反应提供质子。反应物的种类和用量对催化剂 CO$_2$ 还原的活性和选择性有显著影响。水来源丰富,具有价廉、环保等优点。因此,在当前的相关研究中,它是一种被广泛应用的电子供体或质子供体,可取代牺牲试剂,实现可持续的 CO$_2$ 还原。

迄今为止,以水为还原剂的光催化 CO$_2$ 还原体系主要有两套,分别是固-液反应体系和气-固反应体系。这两套反应体系的装置示意图如图 1-4 所示。固-液反应体系中,催化剂粉末和水被放入密封的反应器中,反应体系被抽真空。用 N$_2$ 或 Ar 等惰性气体鼓泡除去溶解在体系中的空气,在正式实施光催化 CO$_2$ 还原反应前用鼓泡或注入的方式使体系充满饱和的 CO$_2$。也有研究者将催化剂直接分散到一定浓度的 NaHCO$_3$ 或 KHCO$_3$ 溶液中进行光催化 CO$_2$ 还原反应。气-固反应体系中,CO$_2$ 和水都以气体的形式参与反应,催化剂或被包覆或被直接分散在反应器中。在这种情况下,NaHCO$_3$ 或 KHCO$_3$ 与酸溶液反应产生

CO_2 和水,可通过调节反应温度和反应物浓度来控制其含量。值得注意的是,这两种反应体系的还原产物是不同的。CH_3OH、CH_3CH_2OH、$HCOOH$ 等液体产物是固-液反应体系中主要的还原产物,CO、CH_4、C_2H_4、C_2H_6 等小分子烃是气-固反应体系的主要产物。同时,具有竞争性的光催化水还原析氢反应是一个可被观察到的反应。它严重降低了 CO_2 的还原效率,限制了产物的选择性。而在气-固反应体系中,因为水含量较低,所以析氢反应对 CO_2 还原效率和选择性的影响要弱得多。

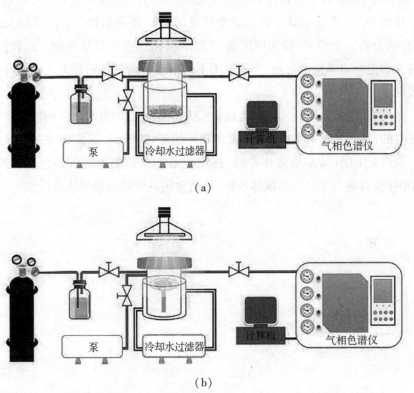

(a)

(b)

图 1-4 固-液反应体系(a)和气-固反应体系(b)的 CO_2 还原装置示意图

1.3.4 产物检测

众所周知,CO_2 还原反应是一个涉及多质子耦合电子的反应,会产生多种

11

产物,如 H$_2$、CO、CH$_4$、CH$_3$OH、HCOOH,也包括一些多碳产物。CO$_2$ 还原产物的物理状态决定了分析方法。一般情况下,CO、CH$_4$、HCHO 和 H$_2$ 等气态产物可利用配备导热检测器(TCD)或火焰电离检测器(FID)的气相色谱仪进行检测。应当说明的是,两种检测器也可以同时使用。其中,H$_2$ 可以通过配备如 TDX-01 柱、MolSieve 5 Å 柱等合适毛细管柱的 TCD 检测。而无机物 CO 和所有有机物,如 CH$_4$、HCHO,都可以通过 FID 进一步检测(注意:CO 检测需要一个含有 Ni 催化剂的甲烷化反应器。甲烷化反应器的作用是将 CO 转化为 CH$_4$,然后用 FID 进行分析)。特别是在含水的 CO$_2$ 还原反应中,O$_2$ 被认为是主要的氧化产物。检测 O$_2$ 生成速率对于确认整个反应的 CO$_2$ 还原活性具有重要意义。O$_2$ 与 H$_2$ 的分析方法相同,可采用配备 TCD 的气相色谱仪定量检测。此外,在对反应产物进行定量检测之前,应先使用不同浓度待测气体的标准气体混合物进行校准。

除气态产物外,确认和检测光催化 CO$_2$ 还原过程中可能产生的液态产物也是必要的。HCOOH 和 CH$_3$OH 是较为常见的液体产物。通常用注射器从反应器中取出 CH$_3$OH 等小链液体产物,再用配备 FID 检测器的气相色谱仪检测。HCOOH 及其他可能存在的液体产物,则通常用高效液相色谱法分析。

第 2 章　Z 型异质结光催化剂

2.1　概述

Z 型异质结光催化剂的概念是基于传统 Ⅱ 型异质结光催化剂的弊端提出的。Z 型异质结光催化剂可分为传统 Z 型异质结光催化剂、全固态 Z 型异质结光催化剂和直接 Z 型异质结光催化剂三大类。传统 Ⅱ 型异质结光催化剂能够促进电荷分离,但往往要牺牲光生电子和光生空穴较高的热力学反应能力。为了提高光催化剂的氧化还原能力,通过模拟植物的自然光合作用,Bard 在 1979 年提出了传统 Z 型异质结光催化剂。该催化剂体系既能提高光生电荷分离效率,又能保留光催化剂较强的氧化还原能力。该体系由两种半导体材料组分以及合适的氧化还原电对(如 Fe^{3+}/Fe^{2+}、IO_3^-/I^- 和 I^-/I_3^-)构成,其电荷转移路径如图 2-1 所示。这两种半导体材料组分具有交错的能带结构。理想情况下,半导体材料组分 Ⅰ(PS Ⅰ)价带上的光生空穴与电子给体(D)反应,产生相应的电子受体(A);半导体材料组分 Ⅱ(PS Ⅱ)导带上的光生电子与 A 反应生成 D。然后,PS Ⅰ 导带上保留的光生电子和 PS Ⅱ 价带上的光生空穴分别参与还原反应和氧化反应。

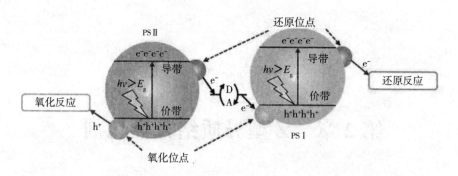

图 2-1　传统 Z 型异质结光催化剂电荷转移路径示意图

　　这种电荷转移模式使该体系不仅具有较强的氧化还原能力,还具有空间分离的氧化还原反应位点。但是,该体系也存在一些问题:(1)局限于溶液相。在传统 Z 型异质结光催化剂中,为了辅助光生载流子的转移,氧化还原电对是不可缺少的,但是只有在溶液中这些电对才能获得足够的转移速率。因此,这种传统 Z 型异质结光催化剂的应用范围较狭窄。(2)存在副反应。因为氧化还原电位适中,所以大多数氧化还原电对更容易接受或释放电子,从而容易引发一些副反应。(3)存在光屏蔽效应。如 Fe^{3+}/Fe^{2+} 电对,因其具有颜色,所以与光催化剂在光吸收方面存在竞争,会导致光利用率较低。(4)具有 pH 敏感性。采用 Fe^{3+}/Fe^{2+} 电对时,只有在酸性条件下光催化反应才可能发生,因为铁离子在弱酸性条件和碱性条件下会发生沉淀。此外,如果采用 IO^{3-}/I$^-$ 电对,在强酸性条件下该电对会发生归中反应。

　　如上所述,传统 Z 型异质结光催化剂使用氧化还原电对会限制其应用范围。此外,占主导地位的可能是其他电荷转移路径。因此,发展了第二代 Z 型异质结光催化剂,即全固态 Z 型异质结光催化剂。2006 年,Tada 等制备了一种 CdS-Au-TiO$_2$ 三组分纳米结。该模型利用固体导体代替氧化还原电对,使其适用于液态反应体系和气态反应体系。此外,它的电荷转移路径明显缩短,可以极大地提高电荷转移速率。典型的全固态 Z 型异质结光催化剂电荷转移路径如图 2-2 所示。由图可知,半导体材料被光激发后,PS Ⅱ 导带产生的光生电子会先迁移到固体导体,再进一步转移到 PS Ⅰ 的价带。

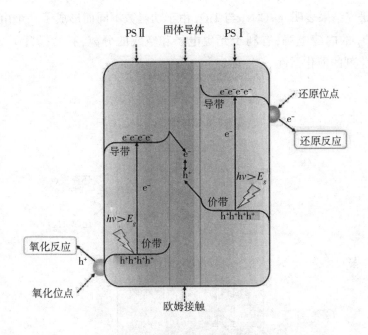

图 2-2　全固态 Z 型异质结光催化剂电荷转移路径示意图

随后,"Z 型家族"的新成员——直接 Z 型异质结光催化剂被提出。直接 Z 型异质结光催化剂与前两代 Z 型异质结光催化剂不同的是直接 Z 型异质结光催化剂不使用任何氧化还原电对和固体导体作为中间体。在直接 Z 型异质结光催化剂电荷转移路径中,如图 2-3 所示,光催化剂在光照条件下被激发后,PS Ⅱ导带产生的光生电子直接转移到 PS Ⅰ的价带,被空间分离的 PS Ⅱ价带的光生空穴和 PS Ⅰ导带的光生电子分别驱动发生光氧化反应和光还原反应。直接 Z 型异质结光催化剂最早被应用于染料敏化 TiO_2 体系。Grätzel 等人将纳米晶 WO_3 或 Fe_2O_3(顶层)与染料敏化 TiO_2(底层)偶联制备串联电池。在可见光照射条件下,WO_3 或 Fe_2O_3 的价带光生空穴参与水氧化反应生成 O_2,其导带电子向染料敏化的 TiO_2 注入。因此,染料敏化 TiO_2 导带中保留的光生电子参与水还原反应生成氢气。Wang 等人在 2009 年发展了 ZnO/CdS 直接 Z 型异质结光催化剂,其产氢性能显著提高。Yu 等人在 2013 年制备了 $g\text{-}C_3N_4/TiO_2$ 直接 Z 型异质结光催化剂,在降解 CH_3OH 时,该催化剂表现出很高的光催化活性。后来,Yu 所在的课题组又用 DFT 研究了 $g\text{-}C_3N_4/TiO_2$ 直接 Z 型异质结的光催化机理。研究结果表明,g-C$_3$N$_4$ 与 TiO$_2$ 由于功函数不同而形成了一个由 g-C$_3$N$_4$ 指向 TiO$_2$ 的内建电场,有利于光生电子和空穴的分离,有效提升了 g-C$_3$N$_4$/TiO$_2$ 催化剂的催化活性。

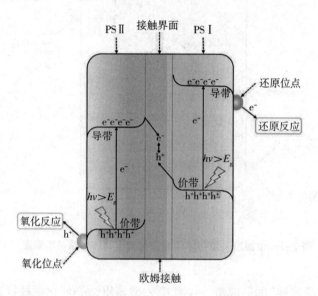

图 2-3　直接 Z 型异质结光催化剂电荷转移路径示意图

2.2　应用

　　开发可再生能源是实现社会可持续发展的必要条件之一。受光合作用的启发,利用取之不尽的太阳能光催化分解水制氢是一种很有前景的太阳能转换和储存途径。虽然这一途径的相关理论研究已经较为深入,但其实际应用仍有不足,因为太阳能到氢能的转化效率较低。一般而言,光催化分解水包括四个步骤:(1)入射光激发半导体产生光生载流子;(2)光生电荷发生分离和扩散;(3)光生电荷迁移到表面发生氧化还原反应;(4)光生电子与光生空穴在体相或表面复合。由于库仑引力的作用,光生载流子容易发生复合,理想情况是在保留有效光生载流子的同时抑制它们的复合。Z 型异质结光催化剂在电荷的空间分离方面具有显著优势。Fu 等人采用静电自组装法设计并合成了 2D/2D

WO_3/g-C_3N_4 Z 型异质结复合材料,同时考察了复合材料以及单组分材料的光催化析氢性能。实验中,WO_3 的质量百分比为 15% 的复合材料性能最优。理论计算结果表明,WO_3 的功函数(6.23 eV)大于 g-C_3N_4 的功函数(4.18 eV),因此形成了由 g-C_3N_4 指向 WO_3 的内建电场。同时,由于电子的重新分布,界面处产生了带弯。X 射线光电子能谱(XPS)结果证实了这种电子扩散的现象。在此内建电场作用下,g-C_3N_4 价带的光生空穴倾向于与 WO_3 导带的光生电子复合,而 g-C_3N_4 导带的光生电子和 WO_3 价带的光生空穴则保留了强氧化还原能力参与光催化反应。Pan 等人采用分步组装法构建了 Fe_2O_3/RGO/PCN Z 型异质结复合材料,全光谱下最优样品的析氢效率为 43.6 $\mu mol \cdot h^{-1}$,析氧效率为 21.2 $\mu mol \cdot h^{-1}$。他们还提出固态中间体对加速氧化物半导体材料和还原物半导体材料界面的电荷转移具有重要作用的观点。值得注意的是,光催化全解水不需要额外的牺牲剂,是实现太阳能转化为化学能的理想方式;Z 型体系具有较强的氧化还原能力,在热力学上对全解水反应表现出一定的优势。然而,光催化反应是复杂的,它们不仅受到热力学的影响,也受到动力学的影响。为了发展具有优异全解水性能的 Z 型异质结光催化剂,可采用负载适当助催化剂、控制形貌和优化界面等策略降低光催化反应的活化势垒,加速载流子的分离和扩散。Zhang 等人利用晶面选择性沉积法构筑了粒子基 Z 型全解水体系,将 Au 和 CoO_x 分别沉积到氧化物半导体材料 $BiVO_4$ 富集电子的 {010} 晶面和富集空穴的 {110} 晶面产氧,ZrO_2 修饰的 TaON 作为还原物半导体材料析氢,在 420 nm 单色光照射条件下的表观量子产率高达 10.3%。

利用光催化技术将 CO_2 转化成具有高附加值的化学品也是能源领域的研究热点。然而,光催化还原 CO_2 是一个较为困难的过程。因为它是一个爬坡反应,热力学势垒大且反应步骤多。例如,当 CO_2 被还原为 CH_3OH 或 CH_4 时,ΔG 分别为 698 $kJ \cdot mol^{-1}$ 和 800 $kJ \cdot mol^{-1}$。这意味着以还原 CO_2 为目标的光催化剂应具有较强的氧化还原能力,可提供足够的驱动力。因为 Z 型异质结中保留的光生空穴和光生电子具有较强的氧化还原能力,且在空间上是分离的,所以相对于 Ⅱ 型异质结或 Ⅰ 型异质结,Z 型异质结更有利于 CO_2 还原反应。Truc 等人报道了 $Cu_2V_2O_7/g$-C_3N_4 直接 Z 型异质结光催化剂,其光催化 CO_2 转换为 CH_4 和 CO 的速率分别高达 305.0 $\mu mol \cdot g^{-1} \cdot h^{-1}$ 和 106.0 $\mu mol \cdot g^{-1} \cdot h^{-1}$。如此高的活性可归功于 Z 型异质结的形成拓宽了材料的光响应范围,提高了电荷分离性能。Yu 等人利用沉积-沉淀法制备了一种可回收的 TiO$_2$/CdS 直接 Z 型复合材料薄膜,该薄膜中 TiO$_2$ 和 CdS 之间紧密的界面促进了电荷转移,从而显著提高了材料的光催化活性,其光催化 CO$_2$ 转换为 CH$_4$ 的速率可达 11.9 mmol·m^{-2}·h^{-1},约为 TiO$_2$ 的 3.5 倍、CdS 的 5.4 倍。

2.3 Z 型异质结电荷转移路径的验证方法

为了区分 Z 型异质结光催化剂和其他具有类似能带结构的典型异质结体系(Ⅱ型异质结或 PN 结),迄今为止,已经发展了几种方法来验证 Z 型异质结电荷转移路径。最常用的是实验和理论模拟方法,总结如下:

(1)X 射线光电子能谱(XPS)分析。对比有光照和无光照条件下 XPS 峰位的移动,可以得到电子密度的增减信息。这将为电荷在界面的迁移路径提供直接证据。

(2)电子顺磁共振(EPR)谱检测。O$_2$/·O$_2^-$ 的还原电位为 -0.33 V,OH/·OH 的氧化电位为 2.80 V(相对于标准氢电位,pH = 0)。用 EPR 可以检测·O$_2^-$ 自由基和·OH 自由基的波谱,从而验证 Z 型异质结电荷转移路径。因为只有 Z 型异质结电荷转移路径才能使光生空穴与光生电子保留较强的氧化还原能力。

(3)原子力显微镜(AFM)表征。AFM 可以检测材料的表面电势,从而验证电荷转移路径。具体来说,如果光生电子在光照射下从氧化物半导体材料转移到还原物半导体材料,氧化物半导体材料的表面电势将会增加,从而可以验证 Z 型异质结电荷转移路径。

(4)DFT 有效质量计算。相同条件下,具有较小有效质量的载流子具有更高的迁移速率。基于此,可以预测电荷转移趋势以分析直接 Z 型异质结光催化剂的电荷转移机制。

第 3 章　$BiVO_4$ 基 Z 型异质结

3.1　$BiVO_4$ 光催化材料

近些年,$BiVO_4$ 凭借其合理的禁带宽度(2.2~2.5 eV)、合适的价带位置、稳定的化学性质以及经济的价格,成为氧化物半导体材料中的明星材料。$BiVO_4$ 的典型晶相是单斜白钨矿型,其晶体结构由扭曲的 VO_4 四面体和 BiO_8 十二面体构成。DFT 的计算结果表明,$BiVO_4$ 是带隙约为 2.2 eV 的直接带隙半导体材料。态密度的计算结果表明,它的空穴传输速率比其他水氧化半导体材料(如 In_2O_3)更高。以 NH_4VO_3 和 $Bi(NO_3)_3$ 为原料,通过水热法制备的 $BiVO_4$ 通常具有十面体的形貌,表面光滑而边缘较为锋利,不同合成条件制备的 $BiVO_4$ 纳米颗粒的直径通常会有很大区别。在水热条件下引入一定量的螯合剂,通常会生成纯单斜晶相的星形 $BiVO_4$。此外,随着 NH_4VO_3 和 $Bi(NO_3)_3$ 物质的量比的变化,$BiVO_4$ 的晶相和光学吸收性质也会发生变化,从而导致 $BiVO_4$ 的光催化性能不同。单斜晶相的 $BiVO_4$ 具有很大的水氧化潜力。

由金属/金属氧化物的光沉积结果可知,$BiVO_4$ 十面体的光催化还原和氧化反应的活性位点与暴露的晶面密切相关。Liu 等人通过水热法制备了具有规则十面体结构的 $BiVO_4$,其正面和侧面分别为 {010} 晶面和 {110} 晶面。在光照条件下,Au 纳米颗粒和 Pt 纳米颗粒选择性沉积在 {010} 晶面上,而 MnO_x 更倾向于沉积在 {110} 晶面上,表明还原活性位点和氧化活性位点分别位于 {010} 晶面和 {110} 晶面。随后的 Au/MnO_x 和 Pt/MnO_x 的沉积结果也与上述结论一致。暴露面决定光催化活性,所以 Li 等人制备了具有多个暴露面的 $BiVO_4$。在具有一定浓度的 Au 纳米颗粒参与的条件下,通过十面体蚀刻的方法获得了具有 30 个小暴露面的 BiVO$_4$ 晶体。除了 {010} 晶面和 {110} 晶面以外,还暴露了一些不常见的晶面,例如 {121} 晶面、{321} 晶面和 {132} 晶面,从而进一步提高了 BiVO$_4$ 的光催化活性。具有 30 个小暴露面的 BiVO$_4$ 具有更高的光催化产氧性能,是 BiVO$_4$ 十面体的 3~5 倍。其在 430 nm 处的表观量子产率可达 18.3%。除了暴露晶面之外,BiVO$_4$ 的形貌也会影响其光催化活性。通过调节反应溶液的 pH 值,可得到具有不同形貌的 BiVO$_4$。在酸性条件下,BiVO$_4$ 显示出规则的十面体结构;在碱性条件下,BiVO$_4$ 往往表现为叶状。因为在不同 pH 条件下合成的 BiVO$_4$ 晶体具有不同的尺寸和带隙,所以其光催化产氧性能也会存在差异。BiVO$_4$ 十面体往往表现出较高的催化活性。

值得注意的是,水相体系中发生的光催化 CO$_2$ 还原反应,无论是单独的氧化物半导体材料,还是单独的还原物半导体材料均无法同时满足整个光催化 CO$_2$ 还原反应的热力学还原电位和氧化电位。因此,即使是利用导带位置较负的还原物半导体材料去驱动 CO$_2$ 还原反应,往往也需要加入三乙醇胺或者 CH$_3$OH 等空穴捕获剂,以便观察 CO$_2$ 还原半反应的性能。受自然光合作用的启示,基于人工光合作用的 Z 型异质结光催化剂可将氧化物半导体材料和还原物半导体材料耦合在一起,以便充分利用氧化物半导体材料的价带和还原物半导体材料的导带驱动整个 CO$_2$ 还原反应。

3.2 BiVO$_4$ 基 Z 型异质结的构建原则

BiVO$_4$ 的价带位置较正,非常有利于析氧,学界对 BiVO$_4$ 的研究也主要集中在析氧和降解污染物等方面。随着光催化驱动太阳能生产化石燃料领域的兴起,以 BiVO$_4$ 作为催化 CO$_2$ 还原和水分解的光催化剂的研究也在逐渐增多。值得注意的是,BiVO$_4$ 的导带位置较负,其自身很难驱动 CO$_2$ 还原的还原半反应及水分解的析氢半反应。因此,往往通过复合导带能级位置足够负的半导体材料与 BiVO$_4$ 构建 Z 型异质结对 BiVO$_4$ 进行改性,从而提高其光催化 CO$_2$ 还原和水分解性能。BiVO$_4$ 在 Z 型异质结中通常作为氧化物半导体材料组分,那么与之相匹配的还原物半导体材料便需要有较负的导带位置,且其价带与 BiVO$_4$ 导带位置应较近,以便形成交错的能带结构。g-C$_3$N$_4$、CdS、Cu$_2$O 等材料是常见的可与 BiVO$_4$ 构建 Z 型异质结的还原物半导体材料。

3.3　BiVO₄ 基 Z 型异质结的应用

早期 BiVO₄ 基 Z 型异质结在光催化能源转换方面的应用主要集中在光催化分解水领域。与 Z 型异质结在光催化领域的发展历程相似,BiVO₄ 基 Z 型异质结也从传统 Z 型模式逐步发展到全固态 Z 型模式和直接 Z 型模式。应用范围也从原来较为局限的液相反应拓展到气–固反应、液–固反应。近年,BiVO₄ 基 Z 型异质结在光催化 CO_2 还原方面的研究开始逐步兴起。

2014 年,Tang 等人制备了 $g-C_3N_4/BiVO_4$ 纳米复合材料,并以 Pt 作为析氢反应的助催化剂,Fe^{3+}/Fe^{2+} 作为氧化还原电对实现了光催化全解水,H_2 和 O_2 以 2∶1 的理想速率比析出。通过研究发现,pH 值、两种半导体材料的质量比和氧化还原中间体的浓度都会影响 H_2 和 O_2 的析出速率。其中,最优样品的 H_2 和 O_2 析出速率分别为 36 $\mu mol \cdot g^{-1} \cdot h^{-1}$ 和 18 $\mu mol \cdot g^{-1} \cdot h^{-1}$。这一活性在当时报道的分解水体系中是较高的,并且拥有良好的稳定性。但是由于传统 Z 型模式存在一些弊端且应用范围较窄,所以传统 Z 型异质结光催化剂的氧化还原电对逐渐被固体导体所取代。全固态 Z 型异质结光催化剂迅速发展起来。2016 年,Domen 等人构建了全固态 Z 型异质结光催化剂用于全解水,其中 La 和 Rh 共掺杂的 $SrTiO_3$ 作为产氢催化剂,Mo 掺杂的 $BiVO_4$ 作为产氧催化剂,RuO_x 物种和 Ru 物种分别作为析氧和析氢的助催化剂,并在产氢催化剂和产氧催化剂中间镶嵌了很薄的 Au 层。这一全固态 Z 型异质结光催化剂能够有效提高体系的电荷分离和传输效率。此外,由于 Au 层厚度仅为 350 nm,所以 Au 的等离子共振效应不会影响半导体材料的光吸收性能。因此,该体系的太阳能到氢能的转换效率高达 1.1%,419 nm 下表观量子产率超过 30%。虽然 $SrTiO_3$∶La、Rh/Au/$BiVO_4$∶Mo 全固体 Z 型体系具有很高的量子产率,但是该体系较复杂且光催化剂的制备成本较高。随后,Zhang 等人报道了粒子基全固态 Z 型光催化分解水体系,$BiVO_4$ 和 ZrO_2 修饰的 TaON 分别作为析氧半反应和析氢半反应的催化剂,$[Fe(CN)_6]^{3-}/[Fe(CN)_6]^{4-}$ 作为氧化还原中间介质。值得注意的是,在全解水反应中,析氧反应比析氢反应更具挑战性。在 $BiVO_4$ 的 {010} 晶面和 {110} 晶面分别沉积了 Au 和 CoO_x 作为助催化剂,优化了产氧端的电荷分离性能,为发生 Z 型电荷转移奠定了很好的基础,获得了很高的活性,在 420 nm 条件下表观量子产率可达 10.3%。

近些年,BiVO$_4$ 基 Z 型异质结光催化剂在光催化 CO$_2$ 还原方面的研究逐渐丰富起来。Suzuki 等人采用一种简单的方法构建了 BiVO$_4$/Ru - 配合物/(CuGa)$_{1-x}$Zn$_{2x}$S$_2$ 传统 Z 型复合体系用于光催化 CO$_2$ 还原。其中 BiVO$_4$ 作为氧化物半导体材料,Ru 配合物修饰的 (CuGa)$_{1-x}$Zn$_{2x}$S$_2$ 作为还原物半导体材料,[Co(tpy)$_2$]$^{3+/2+}$ 为电子调节介质。在可见光照射下,检测到了一定量的还原产物 CO、H$_2$ 和 HCOO$^-$。Kudo 等人制备了一系列金属硫化物/RGO-CoO$_x$/BiVO$_4$ 全固态 Z 型体系用于光催化 CO$_2$ 还原。在这一体系中,固态的 RGO 作为电子调节介质替代了上述的 [Co(tpy)$_2$]$^{3+/2+}$,CoO$_x$ 修饰的 BiVO$_4$ 为氧化物半导体材料,具有较负导带位置的金属硫化物为还原物半导体材料;在可见光照射条件下,CO 为主要的 CO$_2$ 还原产物。此外,Yan 等人采用原位合成法构建了 BiVO$_4$ {010}-Au-Cu$_2$O 全固态 Z 型异质结光催化剂。光谱和计算研究表明,BiVO$_4$ {010} 晶面的热电子更容易克服 Schottky 势垒,可加速电子向 Au 转移,随后与 Cu$_2$O 中激发的空穴复合。这种依赖于晶面的电子调节使长寿命的空穴和电子分别保留在 BiVO$_4$ 的价带和 Cu$_2$O 的导带,有助于改善光催化 CO$_2$ 还原性能。值得注意的是,现有报道中的 BiVO$_4$ 基 Z 型异质结光催化材料的光催化 CO$_2$ 还原的产物并没有表现出一定的选择性。这可能与光催化 CO$_2$ 还原的反应路径较多且反应机制较为复杂有关。

3.4 BiVO$_4$ 基 Z 型异质结存在的问题

虽然 BiVO$_4$ 基 Z 型异质结光催化剂已被广泛研究,但是有关 BiVO$_4$ 和与之匹配的还原物半导体材料界面的合理设计仍然缺乏。设计合理的界面对于有效的电荷转移和传输是非常重要的,尤其是对直接 Z 型异质结光催化剂而言。目前报道的 BiVO$_4$ 基 Z 型异质结体系中,与 BiVO$_4$ 对应的还原物半导体材料界面以 0D-3D、0D-0D、0D-2D 为主。这种维度不匹配的界面会影响 Z 型模式下电荷转移和传输的速率。Z 型异质结光催化剂是基于传统 II 型异质结光催化剂的弊端所提出的,但是由于构成 Z 型异质结光催化剂的两种半导体材料的能带是交错的,所以在两种半导体材料同时被激发时,II 型电荷转移伴随着 Z 型电荷转移一起发生。二者构成竞争关系,II 型电荷转移的发生将导致光生电子和光生空穴均向能量更低的方向转移,不利于维持光生电子和光生空穴的高还原势能和高氧化势能。虽然这一问题已经引起研究人员的注意,但是多数的相关研究还是通过实验验证 Z 型电荷转移路径,而没有就如何促进 Z 型电荷转移机制、抑制 II 型电荷转移的问题提出解决思路。

此外,与 BiVO$_4$ 构建传统 Z 型异质结的还原物半导体材料组分,如 g-C$_3$N$_4$ 和 CdS 等光催化材料的光吸收范围和 BiVO$_4$ 的吸光范围存在重叠,它们的吸光阈值通常比 BiVO$_4$ 更小(波长小于 550 nm)。在太阳光光谱中,可见光所占的比例较大,传统 BiVO$_4$ 基 Z 型异质结光催化剂将很难利用大于 550 nm 波长范围的可见光。因此,在一定程度上会影响光的利用效率。同时,传统 BiVO$_4$ 基 Z 型异质结光催化剂虽然耦合了两个能带匹配的半导体材料组分,但是往往缺乏表面催化活性位点。这将导致光催化反应动力学过程进行缓慢,影响光催化反应效率。

第 4 章　基于能量平台的传统 Z 型异质结电荷调控策略及其还原 CO_2 性能

4.1　引言

利用半导体光催化技术将 CO_2 转化成具有高附加值的化学品是解决当前面临的能源危机和环境污染问题的绿色、可持续途径之一。合理设计并制备具有高活性的光催化 CO_2 还原催化剂具有重要意义。$BiVO_4$ 化学性质稳定、可见光响应度良好且对环境友好,是窄禁带半导体光催化材料的研究热点。$BiVO_4$ 的价带位置较正,非常有利于析氧。在光催化 CO_2 还原的氧化半反应中,空穴和水反应析出 O_2 是整个 CO_2 还原反应的限速步骤。但 $BiVO_4$ 良好的析氧性能并没有使其具有良好的 CO_2 还原活性,这主要是因为 $BiVO_4$ 的导带底位置较正,以致其光生电子热力学还原能力不足,难以驱动光催化 CO_2 还原反应发生。对此,可通过模拟自然光合作用,选择与 $BiVO_4$ 能带位置相匹配且导带底位置满足 CO_2 还原热力学电位的还原物半导体材料与其构建 Z 型异质结的方法解决。因为在 Z 型电荷转移路径下,$BiVO_4$ 的光生电子会与还原物半导体材料的光生空穴复合,利用还原物半导体材料导带的光生电子可驱动光催化 CO_2 还原反应发生。这是解决因 $BiVO_4$ 导带底位置较正影响其光催化 CO_2 还原性能问题的有效途径。构建 $BiVO_4$ 基 Z 型异质结在促进 $BiVO_4$ 电荷分离的同时,还可保留体系中光生电子和光生空穴较高的热力学还原能力,有望显著提高 $BiVO_4$ 的光催化活性。

值得注意的是,$BiVO_4$ 和与之相匹配的还原物半导体材料的能带位置是交错的,因此不可避免地会存在与 Z 型电荷转移路径构成竞争关系的 II 型电荷转移路径(光生电子从还原物半导体材料的导带向 $BiVO_4$ 的导带转移,光生空穴从 $BiVO_4$ 的价带向还原物半导体材料的价带转移)。II 型电荷转移路径会使体系中的光生电子和空穴都向热力学能量降低的方向迁移,这显然不利于提高光催化剂性能。

因此,维持 Z 型异质结中光生电子和光生空穴的高热力学反应能力并延长空间分离的光生电荷寿命是构筑具有优良光催化 CO_2 还原性能的 $BiVO_4$ 基 Z 型异质结光催化剂的关键。通常,在还原物半导体材料上负载贵金属作为助催化剂可诱导还原物半导体材料的光生电子向贵金属表面迁移,从而加快反应动力学过程。虽然通过这种方法可以在某种程度上抑制光生电荷复合,但是贵金属的费米能级通常较低,所以在 Z 型异质结光催化剂中还原物半导体材料的光生电子的热力学反应能量也会随之降低。有研究表明,宽禁带氧化物半导体材料 TiO_2 可作为适当能量平台接收与其复合的半导体材料(如 $g-C_3N_4$)的光生电子,从而显著延长其寿命。因此,在 $BiVO_4$ 基 Z 型异质结的还原物半导体材料组分上进一步复合一个满足 CO_2 还原热力学电位的能量平台,有望调控还原物半导体材料的电子进一步向能量平台转移,延长其光生电子寿命,进而促进 $BiVO_4$ 和与之匹配的还原物半导体材料之间的 Z 型电荷转移,同时抑制与其竞争的 II 型电荷转移,从而显著提高体系的光催化 CO_2 还原性能。

$g-C_3N_4/BiVO_4$ 是经典的传统 Z 型异质结光催化剂之一。本章将其作为典型范例,阐述基于能量平台的 Z 型异质结电荷调控策略。通过构筑维度匹配的 2D/2D 界面增大两者接触面积并缩短光生电荷传输距离,以促进 Z 型界面电荷分离和转移。进一步引入(001)晶面暴露的 TiO_2 纳米片作为 $g-C_3N_4$ 的能量平台,延长 $g-C_3N_4$ 的光生电子寿命,促进 Z 型电荷分离和转移,抑制与之竞争的 II 型电荷转移。片层结构的 TiO_2 不但能满足 CO_2 还原的热力学电位,而且与 2D/2D $g-C_3N_4/BiVO_4$ 纳米复合材料维度匹配,能够最大程度促进 Z 型电荷分离和转移,从而进一步提高材料的光催化 CO_2 还原性能。本章还通过实验结合理论的方法模拟 $g-C_3N_4$ 和 $BiVO_4$ 之间的 Z 型电荷转移机制,并证明引入 TiO_2 对 Z 型电荷转移有促进作用。

25

4.2 g-C₃N₄/BiVO₄ Z 型异质结的制备及其还原 CO₂ 性能

4.2.1 g-C₃N₄/BiVO₄ Z 型异质结的制备

采用羟基诱导组装的方法制备 g-C₃N₄/BiVO₄ 纳米复合材料(CN/BVNS),即将 g-C₃N₄ 和 BiVO₄ 预先制备完成后,进一步进行组装。首先,采用十六烷基三甲基溴化铵(CTAB)诱导组装法制备 BiVO₄ 前驱体。将 2.21 g BiCl₃ 与 1.05 g CTAB 分别溶解于 30 mL 乙二醇中,不断超声与搅拌直至完全溶解。随后将 BiCl₃ 溶液与 CTAB 溶液混合,继续搅拌 40 min。紧接着将 2.80 g NaVO₃ 加入上述混合溶液,继续搅拌 30 min,最终形成的均一淡黄色溶液即为 BiVO₄ 前驱体。其次,将 BiVO₄ 前驱体溶液转移到 100 mL 以聚四氟乙烯为内衬的高压反应釜中,于 120 ℃ 条件下水热 12 h。待反应釜自然冷却至室温后,通过离心方法收集产物。将得到的产物分别用超纯水与无水乙醇多次交替洗涤,离心后在 60 ℃ 真空烘箱中干燥。最后,将产物置于马弗炉中,在 400 ℃ 条件下煅烧 8 min,即可获得 BiVO₄ 纳米片,记为 BVNS。

另外,采用醇插层法制备 g-C₃N₄ 纳米片。首先,将 1 g 三聚氰胺和 1.2 g 磷酸溶于 100 mL 去离子水中,待完全溶解后,于 80 ℃ 条件下恒温水浴 1 h。随后将上述溶液转移到 100 mL 以聚四氟乙烯为内衬的高压反应釜中,于 180 ℃ 条件下水热 10 h;待反应釜自然冷却至室温后,用去离子水洗涤产物,通过离心方法收集产物,并在 60 ℃ 条件下干燥,即可获得 g-C₃N₄ 前驱体。其次,将 0.6 g g-C₃N₄ 前驱体溶于 5 mL 甘油和 15 mL 无水乙醇的混合液中,然后放置于三颈瓶中,在 90 ℃ 条件下回流 3 h。冷却后,用无水乙醇洗涤,并置于 60 ℃ 烘箱中干燥。最后,将获得的产物置于马弗炉中,在 500 ℃ 条件下煅烧 2 h,升温速度为 2 ℃·min⁻¹,产物记为 g-C₃N₄。为了进一步增加 g-C₃N₄ 表面羟基含量,将获得的 g-C₃N₄ 浸渍在 HNO₃ 溶液中,并于 130 ℃ 条件下回流 6 h。冷却后用二次蒸馏水洗涤至中性,在烘箱中干燥,即可获得羟基化 g-C₃N₄ 纳米片,记为 CN。

紧接着,将预先制备的 CN 和 BVNS 分散在 60 mL 无水乙醇中,超声处理 30 min 后,将上述混合液于 80 ℃ 条件下回流 2 h,冷却后用二次蒸馏水洗涤数次,在 60 ℃ 烘箱中干燥,最终得到的样品记为 xCN/BVNS($x\%$ = 10%、15%、20%; $x\%$ 代表 CN 相对于 BVNS 的质量百分比)。

4.2.2　g-C₃N₄ 复合对 BiVO₄ 纳米片结构的影响

图 4-1 所示为不同样品的 X 射线粉末衍射(XRD)谱图。从图中可以看出制备的 BVNS 为单斜白钨矿型,CN 复合对 BVNS 的晶相、晶型以及结晶程度几乎没有影响。此外值得注意的是,没有检测到归属于 CN 的特征衍射峰。这可能与制备的 CN 较薄有关。利用漫反射光谱(DRS)法对 BVNS 和 xCN/BVNS 的光学吸收性质进行分析,结果如图 4-2 所示。由图可知,随着 CN 引入量增多,CN/BVNS 的吸收带边逐渐蓝移。这与 CN 自身的带边吸收位置有关。

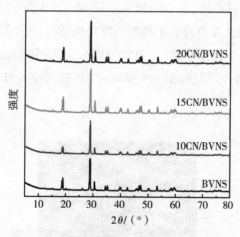

图 4-1　BVNS 和 xCN/BVNS 的 XRD 谱图

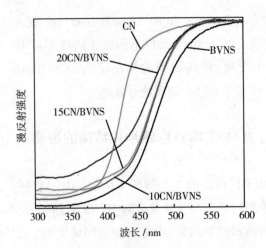

图 4-2　BVNS 和 xCN/BVNS 的 DRS 谱图

利用透射电子显微镜(TEM)对制备的 BVNS、CN 以及形成的 xCN/BVNS 的微观形貌进行分析。图 4-3(a)为 BVNS 的 TEM 图。从图中可以看出 BVNS 为长条形的二维片状结构,宽 10~30 nm,长 80~100 nm。图 4-3(b)为 CN 的 TEM 图。从中可知,CN 也具有超薄的二维片状结构,在片层的平面内还分布着一些纳米尺寸的孔。复合样品以 15CN/BVNS 为例,其 TEM 图如图 4-4 所示。从中可观察到超薄片层结构的 CN 贴附在 BVNS 表面,与其形成紧密的异质结构。

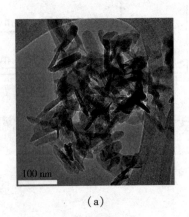

(a)

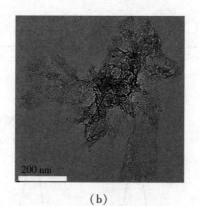

（b）

图 4-3 BVNS(a)和 CN(b)的 TEM 图

图 4-4 15CN/BVNS 的 TEM 图

为了揭示 BVNS 和 CN 之间的界面连接方式,首先利用 XPS 对元素的化学环境和化学状态进行分析。图 4-5 所示为 BVNS 和 15CN/BVNS 的 Bi 4f 的 XPS 谱图。在 BVNS 样品中检测到的位于 159.1 eV 和 164.5 eV 结合能处的特征峰,分别归属于 Bi $4f_{7/2}$ 和 Bi $4f_{5/2}$。与 BVNS 相比,15CN/BVNS 中 Bi 4f 的 XPS 特征峰向低结合能方向移动。图 4-6 为 BVNS 和 15CN/BVNS 的 V 2p 的 XPS 谱图,可观察到 15CN/BVNS 的 V 2p 的 XPS 特征峰也出现了类似的偏移。BVNS 样品中位于 517.5 eV 和 525.5 eV 的特征峰分别归属于 V $2p_{3/2}$ 和 V $2p_{1/2}$。对 Bi 4f 和 V 2p 两个特征峰进一步拟合可知,位于 517.5 eV 和 525.1 eV 的特征峰归属于 V^{5+},位于 516.1 eV 和 523.8 eV 的特征峰则归属于 V^{4+}。复合 CN 后,15CN/BVNS 的 V 2p 的 XPS 特征峰也向低结合能方向移动。

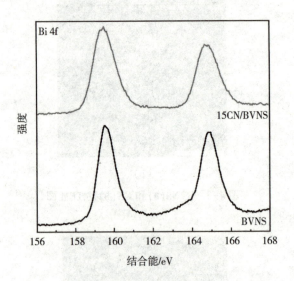

图 4-5　BVNS 和 15CN/BVNS 的 Bi 4f XPS 谱图

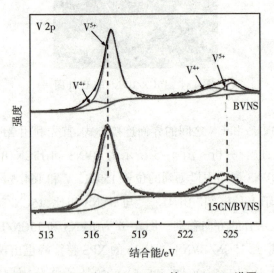

图 4-6　BVNS 和 15CN/BVNS 的 V 2p XPS 谱图

图 4-7(a)和(b)分别为 CN 和 15CN/BVNS 的 C 1s 和 N 1s 的 XPS 谱图。与纯相 CN 相比,15CN/BVNS 中 C 1s 和 N 1s 的特征峰向高结合能方向偏移。

这可能是因为 CN 和 BVNS 紧密接触后,两者的费米能级拉平了。以上结果表明,CN 与 BVNS 之间具有较强化学相互作用。

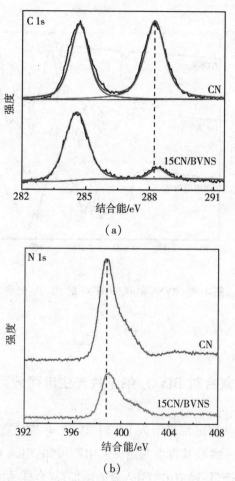

（a）

（b）

图 4-7　CN 和 15CN/BVNS 的 C 1s(a) 和 N 1s(b) 的 XPS 谱图

随后,进一步利用傅里叶红外(FT-IR)光谱对 BVNS 和 CN 的界面作用关系进行分析。如图 4-8 所示,在 xCN/BVNS 的 FT-IR 光谱中,除了 BVNS 的特征峰外,还检测到了位于 810 cm^{-1} 和 1 200~1 600 cm^{-1} 范围内的特征峰。它们分别归属于三嗪环的呼吸振动模式和 CN 杂环的拉伸振动模式。这说明 CN 与 BVNS 复合成功。此外,BVNS 的 V—O 振动峰的峰位从 745 cm^{-1} 移动至

731 cm^{-1},说明 CN 与 BVNS 的 V—O 键发生了相互作用。结合上述 XPS 的检测结果,推测 BVNS 的 V—O 键上的羟基和 CN 的 C 原子上的羟基通过脱水缩合的方式形成了 V—O—C 键以连接 BVNS 和 CN。

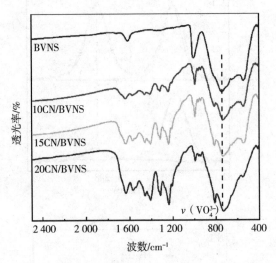

图 4-8　BVNS 和 xCN/BVNS 的 FT-IR 光谱

4.2.3　g-C$_3$N$_4$ 复合对 BiVO$_4$ 纳米片光生电荷分离的影响

采用羟基自由基测试揭示引入 CN 对 BVNS 电荷分离的影响。图 4-9 为 BVNS 和 xCN/BVNS 的羟基自由基谱图。由图可知,引入 CN 可显著提高复合样品的羟基自由基产量;随着 CN 引入量的增加,复合样品的羟基自由基信号也逐渐增强。这说明引入 CN 有利于促进 BVNS 的电荷分离。但当 CN 的引入量过大时,复合样品的羟基自由基产量又有所下降。由图可知,15CN/BVNS 具有最强的羟基自由基信号,说明其电荷分离性能最佳。

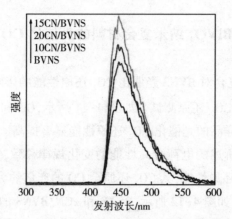

图 4-9 BVNS 和 xCN/BVNS 的羟基自由基谱图

进一步利用光电化学测试对样品的电荷分离性质进行分析。图 4-10 所示为不同样品的线性扫描伏安（LSV）曲线，xCN/BVNS 的光电流密度均大于 BVNS；随着 CN 复合量增加，光电流密度呈现先增大后减小的趋势。这说明适量引入 CN 有利于促进复合样品的电荷分离；15CN/BVNS 表现出最大的光电流密度，证明其具有最佳的电荷分离性能，与羟基自由基测试结果一致。

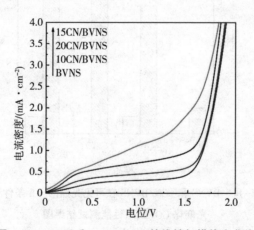

图 4-10 BVNS 和 xCN/BVNS 的线性扫描伏安曲线

4.2.4　g-C$_3$N$_4$/BiVO$_4$ 纳米复合材料的光催化 CO$_2$ 还原性能

为了考察 CN 复合对 BVNS 光催化 CO$_2$ 还原性能的影响,在可见光条件下对样品进行光催化 CO$_2$ 还原测试。如图 4-11 所示,CO 和 CH$_4$ 为主要的还原产物。CN 复合后,样品的光催化 CO$_2$ 还原性能显著提高。其性能变化规律与本书的 4.2.3 章节所述的电荷分离性能的变化规律一致,15CN/BVNS 表现出最高的光催化 CO$_2$ 还原性能,其 CO$_2$ 还原至 CO 的产量约为 BVNS 的 7 倍。在紫外可见光照射下,如图 4-12 所示,BVNS 和 xCN/BVNS 的光催化 CO$_2$ 还原性能均得到进一步提升,其中 15CN/BVNS 的光催化 CO$_2$ 还原为 CH$_4$ 的产率可达到 10.5 $\mu mol \cdot g^{-1} \cdot h^{-1}$。此外,在暗态或 N$_2$ 饱和条件下,均未检测到任何还原产物。这说明测试过程中产生的还原产物来自光驱动的 CO$_2$ 还原反应,而不是CN 分解。

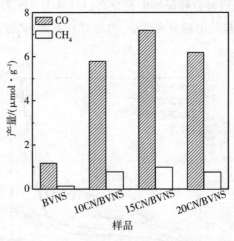

图 4-11　BVNS 和 xCN/BVNS 在可见光照射 4 h 条件下的
光催化 CO$_2$ 还原性能测试结果图

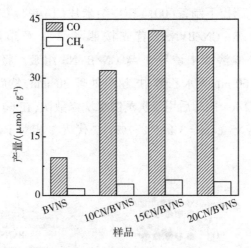

图 4-12　BVNS 和 xCN/BVNS 在紫外可见光照射 4 h 条件下的
光催化 CO_2 还原性能测试结果图

4.3　(001) TiO_2-g-C_3N_4/$BiVO_4$ 纳米复合材料的制备及其还原 CO_2 性能

4.3.1　(001) TiO_2-g-C_3N_4/$BiVO_4$ 纳米复合材料的制备

为了调控 CN/BVNS Z 型异质结的电荷分离与转移,进一步引入(001)晶面暴露的 TiO_2 作为能量平台,构建 2D-2D/2D (001) TiO_2-g-C_3N_4/$BiVO_4$纳米复合材料(T-CN/BVNS)。(001) TiO_2 不但能满足 CO_2 还原的热力学电位要求,而且与 2D/2D g-C_3N_4/$BiVO_4$ 复合材料维度匹配,能够最大程度促进 Z 型电荷分离和转移。特别是,(001)晶面暴露原子的配位数较低,不饱和配位的 Ti 原子的密度较大,且 Ti—O—Ti 键中氧原子的键角也较宽。这些因素都赋予(001) TiO_2 较高的表面能,使其更容易吸附反应物分子。

图 4-13 所示为 T-CN/BVNS 的制备流程。采用 CTAB 诱导组装法制备 BVNS,羟基化的 CN 则由三聚氰胺和三聚氰酸自组装法制备,然后通过酸处理增加 CN 表面羟基含量,用于与 BVNS 进行第一步组装获得 CN/BVNS,最后采

用溶剂热法在 HF 调控下制备(001)TiO₂ 纳米片(T)并与 CN/BVNS 进行第二步诱导组装制备 T-CN/BVNS。首先按照 4.2.1 章节所述的方法制备 CN/BVNS,然后在醇溶液中诱导 T 与 CN/BVNS 组装。将一定质量的 T 和 CN/BVNS 分散在 60 mL 无水乙醇中,超声处理 30 min,然后将上述混合液于 80 ℃条件下回流 2 h。冷却后用二次蒸馏水洗涤数次,在 60 ℃烘箱中干燥,样品记为 yT-CN/BVNS ($y\%$=3%、5%、7%;$y\%$代表 T 相对于 BVNS 的质量百分比)。

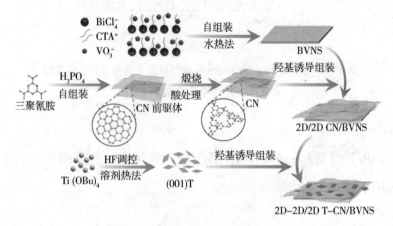

图 4-13　T-CN/BVNS 的制备流程图

4.3.2　(001)TiO₂ 复合对 g-C₃N₄/BiVO₄ Z 型异质结结构的影响

图 4-14 所示为不同样品的 XRD 谱图,可以看出引入不同复合比例的 T 对 CN/BVNS 的晶体结构几乎没有影响。进一步对 T-CN/BVNS 的光学吸收性质进行表征,如图 4-15 所示,T 复合没有改变 CN/BVNS 的带边吸收。这可能与 TiO₂ 的复合量较少有关。

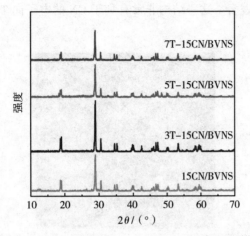

图 4-14　15CN/BVNS 和 yT-15CN/BVNS 的 XRD 谱图

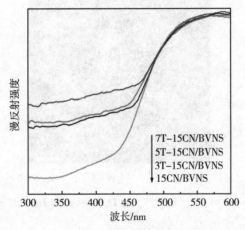

图 4-15　15CN/BVNS 和 yT-15CN/BVNS 的 DRS 谱图

　　利用 TEM 对复合材料的微观形貌进行分析,以 5T-15CN/BVNS 为例。如图 4-16(a)所示,BVNS 依然为长条形片状结构,与 CN 紧密贴合;T 为宽约 30 nm 的四方形片状结构,贴附在 CN 表面。三者形成了紧密的异质结构。图 4-16(b)所示为 5T-15CN/BVNS 的 HRTEM 图。从图中可以清晰地观察到 BVNS 和 T 的晶格条纹,晶面间距为 0.26 nm 和 0.24 nm 的晶格条纹分别归属于 BVNS 的(200)晶面和 T 的(001)晶面。利用 EDX 对 5T-15CN/BVNS 的元素分布进行分析。如图 4-17 所示,Bi、V、O、C、N、Ti 均匀分布在整个扫描区域,

T 主要负载在 CN 表面。这一结构非常有利于 CN 的电子向 T 转移。

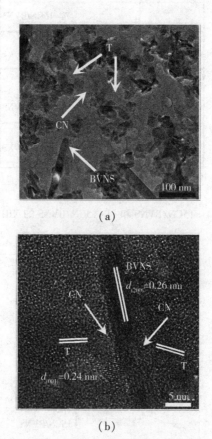

(a)

(b)

图 4-16　5T-15CN/BVNS 的 TEM 图(a)和 HRTEM 图(b)

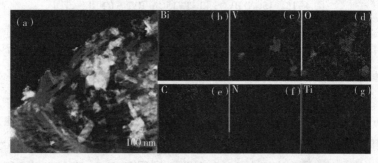

图 4-17　5T-15CN/BVNS 的高角环形暗场扫描图(a)及其相应元素

Bi(b)、V(c)、O(d)、C(e)、N(f)、Ti(g)的 EDX 扫描图

为了进一步揭示 BVNS、CN 和 T 的界面作用关系,利用 XPS 对样品的化学环境进行分析。图 4-18 为 15CN/BVNS 和 5T-15CN/BVNS 的 C 1s 的 XPS 谱图,从中可以看出,与 15CN/BVNS 相比,5T-15CN/BVNS 的 C 1s 的特征峰向高结合能方向移动。另外,如图 4-19 所示,(001)TiO_2 样品中位于 458.6 eV 和 464.3 eV 结合能处的特征峰分别归属于 Ti $2p_{3/2}$ 和 Ti $2p_{1/2}$。与 (001)TiO_2 相比,5T-15CN/BVNS 的 Ti 2p 的特征峰则明显向低结合能方向移动,说明(001)TiO_2 与 CN 的界面存在较强的化学相互作用,推测(001)TiO_2 与 CN 通过羟基脱水的方式以 C—O—Ti 键相连接。

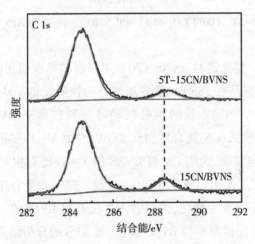

图 4-18　15CN/BVNS 和 5T-15CN/BVNS 的 C 1s XPS 谱图

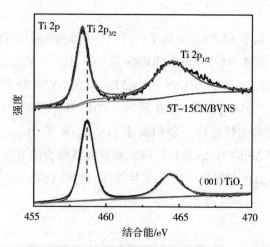

图 4-19　(001) TiO$_2$ 和 5T-15CN/BVNS 的 Ti 2p XPS 谱图

　　进一步利用拉曼光谱对 BVNS、CN 和 T 三者的界面相互作用进行验证。图 4-20 所示为不同样品在 785 nm 激发条件下的拉曼光谱。从图中可以看出,在 810.5 cm^{-1} 和 344.7 cm^{-1} 处的拉曼振动峰分别归属于 BVNS 的 V—O 键和 VO$_4$$^{3-}$ 的拉伸振动模式;CN 复合后,15CN/BVNS 中 V—O 键的拉曼振动峰向拉曼位移增大的方向移动,说明 CN 与 BVNS 的 V—O 键有相互作用,这可能是因为 CN 与 BVNS 相互作用形成了 V—O—C 键。进一步复合 T 后,V—O 键的拉曼振动峰的峰位不再发生变化,说明引入 T 没有对 BVNS 产生较大影响。这意味着 T 主要与 CN 连接而非与 BVNS 连接,与 XPS 的分析结果一致。

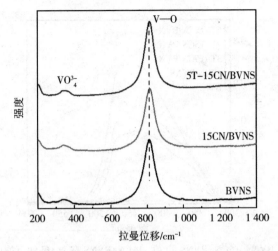

图 4-20　BVNS、15CN/BVNS 和 5T-15CN/BVNS 的拉曼光谱

4.3.3　(001)TiO$_2$ 复合对 g-C$_3$N$_4$/BiVO$_4$ 纳米复合材料电荷分离的影响

稳态表面光电压谱(SPS)是用来探测光生电荷分离性质的一种有效手段。为了排除 O$_2$ 捕获电子的影响,在 N$_2$ 条件下对样品进行 SPS 测试。图 4-21 所示为不同样品在 N$_2$ 条件下的 SPS 谱图。由于光生载流子的快速复合,BVNS 在 N$_2$ 条件下几乎没有 SPS 响应信号,但 15CN/BVNS 却表现出明显的 SPS 响应信号。这表明 CN 复合有利于光生电荷分离。值得注意的是,随着 T 的引入量增加,SPS 响应信号进一步增强。这意味着增加 T 的引入量进一步加快了电荷分离和转移。但是当 T 的引入量过多时,SPS 响应信号又有所减弱,其中 5T-15CN/BVNS 表现出最强的 SPS 响应信号。光生载流子分离的动力学过程可利用瞬态表面光电压谱(TPV)揭示。

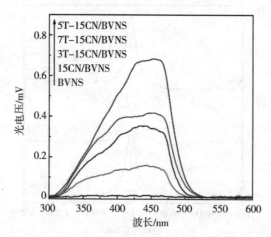

图 4-21　BVNS、15CN/BVNS 和 yT-15CN/BVNS 在 N$_2$ 条件下的 SPS 谱图

图 4-22 为不同样品的 TPV 谱图。从中可以看出,15CN/BVNS 相较于纯相 BVNS 具有更强的 TPV 响应信号,5T-15CN/BVNS 的 TPV 响应信号最强。该结果表明 CN 复合能够显著延长 BVNS 的光生电荷寿命,引入 T 又令光生电荷的寿命得到进一步延长。

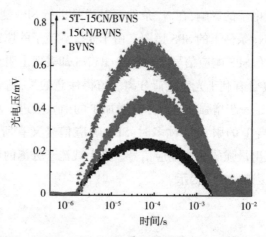

图 4-22　BVNS、15CN/BVNS 和 5T-15CN/BVNS 的 TPV 谱图

利用电化学阻抗谱探究界面电荷分离和转移性能。如图 4-23 所示，BVNS、15CN/BVNS 和 5T-15CN/BVNS 的界面电荷转移电阻依次降低。为了进一步分析电荷转移过程，将电化学阻抗图进行等效电路拟合。图 4-23 插图为等效电路模型。BVNS、15CN/BVNS 和 5T-15CN/BVNS 的 R_{ct} 值依次降低，说明引入 T 可促进电荷分离和转移。

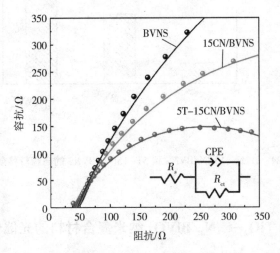

图 4-23　BVNS、15CN/BVNS 和 5T-15CN/BVNS 的电化学阻抗图
及等效电路模型

在 Na_2SO_3 作为空穴捕获剂的条件下进行表面电荷转移效率的计算。图 4-24 为不同样品的表面电荷转移效率图，可明显看出复合适量的 CN 和 T 后，样品的电荷转移效率显著提高。其中，5T-15CN/BVNS 的电荷转移效率约为 15CN/BVNS 的电荷转移效率的 3 倍。显然，光化学的测试结果与光物理的测试结果一致。

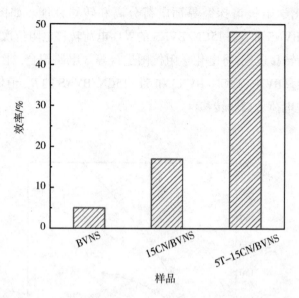

图 4-24 BVNS、15CN/BVNS 和 5T-15CN/BVNS 的电荷转移效率图

4.3.4 (001)TiO$_2$-C$_3$N$_4$/BiVO$_4$ 纳米复合材料的光催化 CO$_2$ 还原性能

在可见光条件下对样品进行光催化 CO$_2$ 还原性能测试。CO 和 CH$_4$ 为主要的还原产物,同时在体系中检测到一定量的氧化产物 O$_2$。在可见光照射条件下,复合不同比例的 T 的样品的光催化 CO$_2$ 还原性能均高于 15CN/BVNS 的光催化 CO$_2$ 还原性能。由图 4-25 可知,最优样品 5T-15CN/BVNS 的光催化 CO$_2$ 还原为 CO 的产量分别为 15CN/BVNS 和 BVNS 的 3 倍左右和 19 倍左右;在紫外可见光条件下,所有样品的光催化 CO$_2$ 还原性能进一步提高,均高于可见光条件下的光催化 CO$_2$ 还原性能,但由图 4-26 可知,5T-15CN/BVNS 的光催化 CO$_2$ 还原为 CO 的产量仅为 15CN/BVNS 的 1.5 倍左右。这可能与在紫外可见光条件下 T 被激发有关。

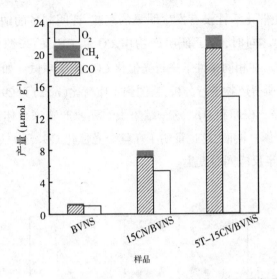

图 4-25　BVNS、15CN/BVNS 和 5T-15CN/BVNS 在可见光照射 4 h
条件下的光催化 CO_2 还原性能测试结果图

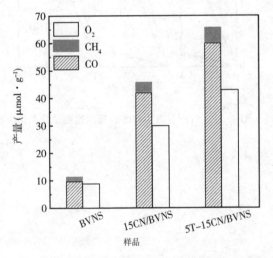

图 4-26　BVNS、15CN/BVNS 和 5T-15CN/BVNS 在紫外可见光照射 4 h
条件下的光催化 CO_2 还原性能测试结果图

　　为评估催化剂在光催化反应过程中的稳定性,以 5T-15CN/BVNS 为例进行循环试验。如图 4-27 所示,经过 3 次循环测试(每一次循环测试的时长为

4 h),催化剂的光催化活性没有发生明显的衰减,证明制备的纳米复合材料具有良好的稳定性。同时,为了证明产物中 CO 和 CH_4 的来源,利用 ^{13}C 标记的 $^{13}CO_2$ 代替 $^{12}CO_2$ 在相同条件下进行光催化 CO_2 还原测试。如图 4-28 所示,利用质谱对反应所得产物进行分析,检测到了质荷比(m/z)为 29、17 和 32 的碎片,分别对应 ^{13}CO、$^{13}CH_4$ 和 O_2。这一结果表明还原产物来自体系中的 CO_2 还原,而不是 CN 分解。同时,这也证明了在整个光催化 CO_2 还原反应过程中,还原半反应和氧化半反应同时发生。

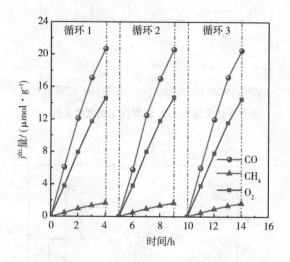

图 4-27　5T-15CN/BVNS 的稳定性测试结果图

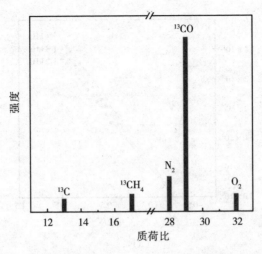

图 4-28　5T-15CN/BVNS 的 ^{13}C 标记的同位素质谱图

4.4　Z 型电荷转移及其增强机制

　　为了探究 CN 和 BVNS 之间的电荷转移机制,首先利用 Mott-Schottky 测试对 CN 和 BVNS 的能带位置进行分析。图 4-29 所示为 BVNS(a) 和 CN(b) 在不同频率(1.2 kHz、1.8 kHz、2.4 kHz)下获得的 Mott-Schottky 曲线。由图可知,归属于 CN 和 BVNS 的曲线均显示正斜率,证明两者皆为 n 型半导体。CN 和 BVNS 的导带位置分别测定为 -1.15 V 和 -0.05 V(相对于标准氢电极)。

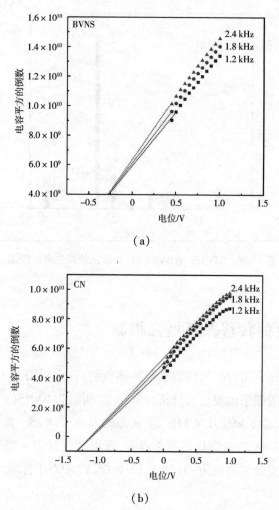

（a）

（b）

图 4-29   BVNS(a)和 CN(b)在不同频率条件下的 Mott-Schottky 曲线

图 4-30 为 BVNS 和 CN 的能带位置图。从中可以看出,BVNS 较正的价带位置和 CN 较负的导带位置以及两者之间交错的能级结构非常有利于形成高效的 Z 型电荷转移体系。

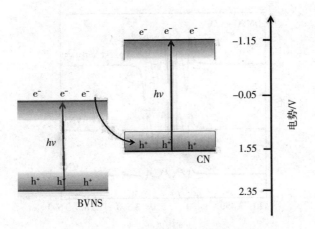

图 4-30　BVNS 和 CN 的能带位置图

利用 EPR 进一步确认了 Z 型电荷转移体系中电子的转移方向。以 5,5-二甲基-1-吡咯啉-N-氧化物(DMPO)作为自旋捕获剂记录反应过程中产生的活性物种。如图 4-31 所示,在可见光照射条件下,在 CN 和 15CN/BVNS 中均检测到了强度比为 1 : 1 : 1 : 1 的 DMPO-·O_2^- 信号;对于 BVNS,则未观察到明显的 DMPO-·O_2^- 信号。此外,15CN/BVNS 的 EPR 信号远强于 CN,表明 BVNS 和 CN 之间遵循 Z 型电荷转移模式,而不是 Ⅱ 型电荷转移模式。值得注意的是,5T-15CN/BVNS 的 DMPO-·O_2^- 特征峰的强度比 15CN/BVNS 的 DMPO-·O_2^- 特征峰的强度要强得多。这说明分离的电子进一步转移到 T,诱导产生了更多的·O_2^- 活性物种。

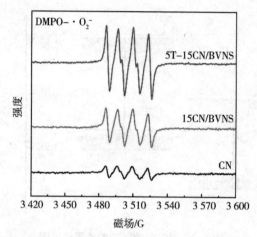

图 4-31 可见光照射条件下 CN、15CN/BVNS 和 5T-15CN/BVNS 的 EPR 谱图

同时,在体系中还检测到了·OH 反应活性物种,如图 4-32 所示。在 BVNS 上检测到了明显的强度比为 1:2:2:1 的 DMPO 捕获的·OH 自由基 (DMPO-·OH) 的 EPR 信号,但在 CN 上未观察到相应的 EPR 信号。类似地,15CN/BVNS 的 EPR 信号强度高于 BVNS。进一步将 T 与 CN/BVNS 复合,DMPO-·OH 的 EPR 信号显著增强。这一结果证实了引入 T 可极大地促进 BVNS 和 CN 之间的 Z 型电荷分离和转移。

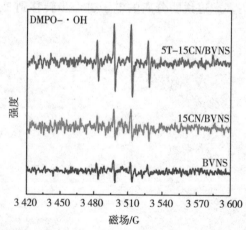

图 4-32 可见光照射条件下 BVNS、15CN/BVNS 和 5T-15CN/BVNS 的 EPR 谱图

此外,利用归一化的单波长光电流作用谱进一步揭示 Z 型电荷分离和转移。如图 4-33 所示,BVNS 的光电流密度随着激发波长从 520 nm 减小到 400 nm 而逐渐增大;CN 的光电流密度则随着激发波长从 450 nm 减小到 400 nm 而逐渐增大,与其吸光范围一致。15CN/BVNS 的光电流密度在相应的激发波长上遵循与 BVNS 和 CN 相似的规律。值得注意的是,当同时激发 BVNS 和 CN 时,复合材料的光电流密度急剧增大,大于单独 BVNS 和单独 CN 的光电流密度之和。这有力地证明了 CN 和 BVNS 之间的电荷转移符合 Z 型电荷转移规律。5T-15CN/BVNS 光电流响应信号进一步增强,说明 CN 的光生电子向 T 发生转移,进一步促进了电荷转移。

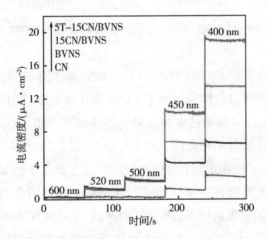

图4-33 CN、BVNS、15CN/BVNS 和 5T-15CN/BVNS 的归一化单波长光电流作用谱

单波长羟基自由基测试进一步证实了这一结果。图 4-34 为不同样品在 405 nm 单色光照射条件下的羟基自由基谱图。在此激发波长下,CN 和 BVNS 同时被激发。从图中可以看出,相较于 BVNS,15CN/BVNS 具有更强的羟基自由基信号;在进一步复合 T 后,羟基自由基的产量相应增加。这证明在 CN/BVNS 的 Z 型电荷转移基础上,电子进一步向 T 转移,促进了 Z 型电荷转移过程。

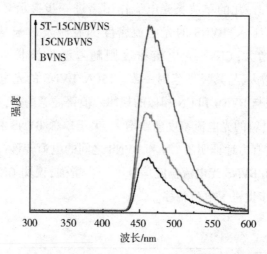

图 4-34　BVNS、15CN/BVNS 和 5T-15CN/BVNS 的归一化羟基自由基谱图

　　为了揭示复合 T 对 CN/BVNS 电荷分离的促进作用,首先采用荧光光谱对体系的电荷分离性质进行探究。由于 BVNS 和 T 本身不发射荧光,所以 CN 荧光强度的变化可以反映体系的电荷分离和转移情况。图 4-35 为 420 nm 激发波长下不同样品的稳态荧光光谱。与 15CN/BVNS 相比,5T-15CN/BVNS 的荧光信号显著减弱,这表明引入 T 可以有效抑制光生载流子的复合。图 4-36 所示的时间分辨荧光光谱进一步证明了上述结论。通过拟合曲线计算可知,在 405 nm 脉冲激光的激发条件下,15CN/BVNS 和 5T-15CN/BVNS 的平均荧光寿命分别为 22.9 ns 和 16.8 ns。复合 T 的样品的荧光寿命明显更短,表明 T 为 CN 提供了额外的电子退激通道。此外,T 作为能量平台能够接收来自 CN 的光生电子,从而促进 Z 型电荷转移。

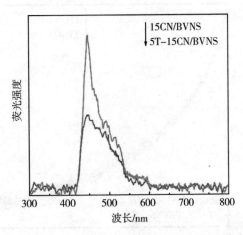

图 4-35　15CN/BVNS 和 5T-15CN/BVNS 的稳态荧光光谱

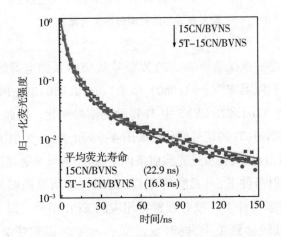

图 4-36　15CN/BVNS 和 5T-15CN/BVNS 的时间分辨荧光光谱

　　然而,如图 4-37 所示,在 355 nm 条件下激发 5T-15CN/BVNS 时,其荧光寿命的衰减差值比 15CN/BVNS 的荧光寿命衰减差值更小。这可能是由于紫外光激发 T 时,在 T 的导带处积累了较多的光生电子。这不利于 CN 的电荷向 T 注入。与可见光照射条件相比,紫外可见光照射条件下观察到的 5T-15CN/BVNS 光催化活性的提升幅度更小。这也可以用上述实验结果来解释。

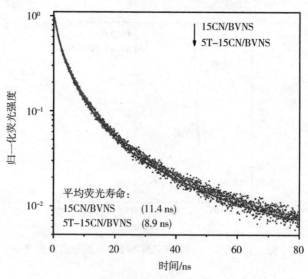

图 4-37   15CN/BVNS 和 5T-15CN/BVNS 在 355 nm
激发条件下的时间分辨荧光光谱

利用 EPR 进一步探索所构建的 Z 型异质结体系的电荷转移方向。由于 TiO₂ 的复合量较少，且 $V^{4+}(g=1.960)$ 和 $Ti^{3+}(g=1.980)$ 的 g 因子值非常接近，因此很难观测到 5T-15CN/BVNS 中 Ti 物种的信号变化。因此，在低温(98 K) 条件下观测 T/CN 中 Ti 的信号变化。如图 4-38 所示，$g=2.010$ 处的 EPR 信号归属于 CN 的自由电子，在可见光照射条件下，这一信号显著增强。值得注意的是，在可见光照射条件下，可观察到 T/CN 出现一个明显的归属于 Ti^{3+} 物种的 EPR 信号，而暗态条件下却没有观察到相应的 EPR 信号。以上结果表明，CN 的光生电子可以转移到 T 上，同时也说明引入 T 可以加速 Z 型电荷分离和转移。

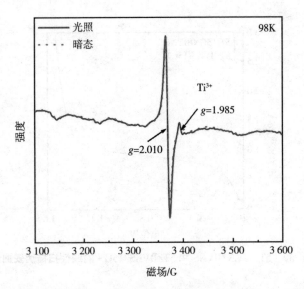

图 4-38　30T/CN 在暗态条件和可见光照射条件下的 EPR 谱图
(98K,30 表示 T 相对 CN 的质量百分比)

　　此外,为了验证 T 作为能量平台对 Z 型电荷分离和转移的促进作用,在 FTO 玻璃上以不同的顺序分别旋涂 CN、BVNS 和 T 制备复合电极,并对其进行光电测试。如图 4-39 所示,不同薄膜的线性扫描伏安曲线显示,将 T 置于 BVNS 的上方(5T/BVNS/15CN)而不是 CN 的上方(5T/15CN/BVNS)时,可见光照射条件下 5T/15CN/BVNS 的光电流密度远大于 5T/BVNS/15CN 的光电流密度。这表明只有当 T 紧紧附着 CN 时才能促进 Z 型电荷分离与转移。进一步对上述两个薄膜进行电化学阻抗测试,结果如图 4-40 所示。5T/15CN/BVNS 的曲线弧半径远小于 5T/BVNS/15CN,意味着 5T/15CN/BVNS 的界面电荷转移电阻更小,说明只有当 T 和 CN 相邻时才能显著促进 Z 型电荷分离和转移。这与线性扫描伏安曲线测试结果一致。

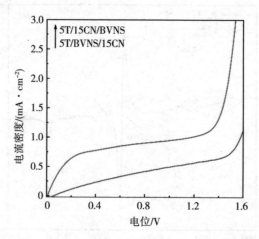

图 4-39　5T/15CN/BVNS 和 5T/BVNS/15CN 的线性扫描伏安曲线

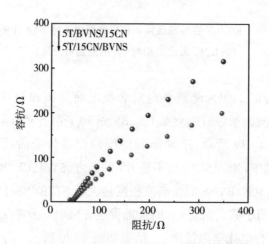

图 4-40　5T/15CN/BVNS 和 5T/BVNS/15CN 的电化学阻抗图

　　在另外一组对照试验中,制备与 5T-15CN/BVNS 具有相同复合比例但为随机组装的 5T&15CN&BVNS,并对其进行 SPS 测试和光催化 CO$_2$ 还原性能测试。如图 4-41 和图 4-42 所示,5T&15CN&BVNS 的电荷分离性能和光催化CO$_2$ 还原性能与 15CN/BVNS 的性能相当,但二者的性能均远低于设计合成的5T-15CN/BVNS 的性能。这一结果表明,电子从 CN 向 T 转移对促进 Z 型电荷分离和转移至关重要。以上实验结果充分证明,设计合成的 5T-15CN/BVNS因其特定的结构和设计而具有优异的 Z 型电荷分离和转移性能。

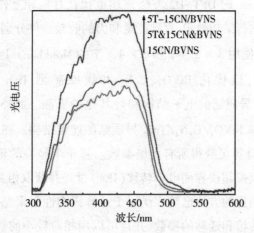

图 4-41 15CN/BVNS、5T&15CN&BVNS 和 5T-15CN/BVNS 的 SPS 谱图

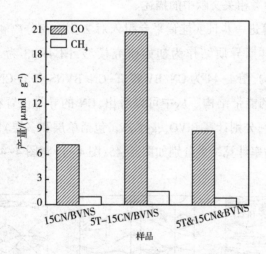

图 4-42 15CN/BVNS、5T&15CN&BVNS 和 5T-15CN/BVNS 的光催化 CO_2 还原性能测试结果图

4.5 理论模拟计算

本章所涉及的理论模拟基于 DFT,使用 Vienna Ab initio Simulation Package (VASP)完成。全电子投影自变量波函数(PAW)用于描述离子-电子相互作用。利用广义梯度近似(GGA)的 Perdew-Burke-Ernzerhof(PBE)描述交换能和

相关势;利用 Grimme 的 DFT-D2 方法描述范德瓦耳斯相互作用。截断能设定为 520.00 eV,并进行结构弛豫,直到能量和力的收敛条件分别达到 1.00×10^{-5} eV 和 0.02 eV·Å^{-1}。使用 $3\times2\times1$ 和 $6\times4\times1$ 的 Monkhorst-Pack K 点网格对布里渊区进行采样,以优化 BiVO₄、C₃N₄ 和锐钛矿型 TiO₂ 的结构,并计算 BiVO₄/C₃N₄/TiO₂ 异质结的电子结构和羟基化的界面。此外,还沿着 G→X→S→Y→G 路径计算 BiVO₄/C₃N₄/TiO₂ 异质结的能带结构。在 DFT-D2 方法中,基于 PBE 的全面计算可获得所有力场参数。基于半经验的延展休克尔哈密顿量(EH)的方法,模拟超快界面电子转移(IET)过程并获取相关信息。半经验的延展休克尔哈密顿量的方法已被广泛用于计算周期性凝聚态体系的电子结构,它只需要少量可转植和迁移的参数,并且可以用相对较小的计算量提供元素和周期性体系材料内的化学键和能带的信息。关于超快界面电子转移的计算方法和参数设置可参考相关文献中的描述。

利用 DFT 计算进一步证实能量平台引入对 Z 型电荷分离和转移有重要作用。采用范德瓦耳斯异质结作为初始研究模型,图 4-43 为 BiVO₄、TiO₂ 和 g-C₃N₄ 的能带结构,图 4-44 为 CN/BVNS、T-CN/BVNS 和 T-CN₂L/BVNS(CN₂L 为 2 层 CN 模型)的能带结构。从中可以看出,CN 的导带位置在三者中最负。在构建稳定模型后,分别计算 BiVO₄、g-C₃N₄(包括单层和多层)以及(001)TiO₂ 的功函。三者的功率计算结果分别如图 4-45、图 4-46 与图 4-47 所示。

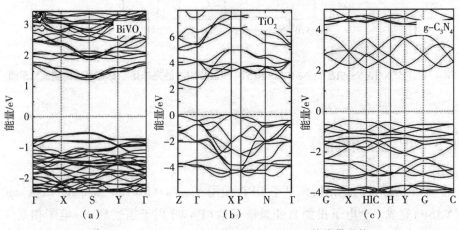

图 4-43　BiVO₄(a)、TiO₂(b)和 g-C₃N₄(c)的能带结构

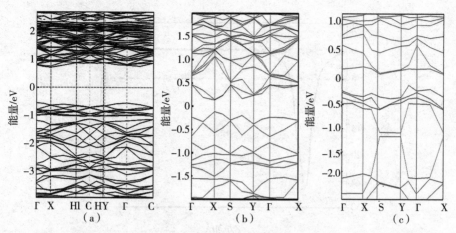

图 4-44　CN/BVNS（a）、T-CN/BVNS（b）和 T-CN$_{2L}$/BVNS（c）的能带结构

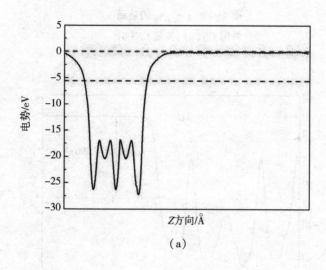

（a）

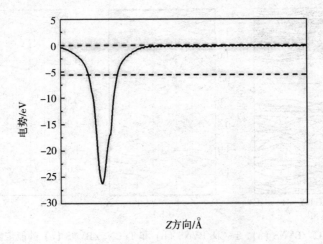

（b）

图 4-45　g-C$_3$N$_4$ 的功函

单层 CN(a)；多层 CN(b)

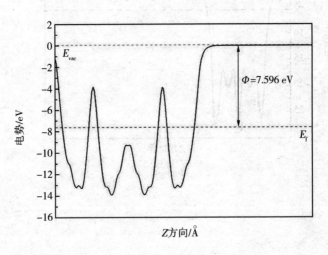

图 4-46　BiVO$_4$ 的功函

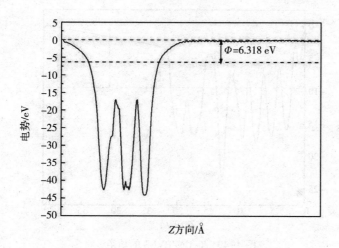

图 4-47　(001)TiO_2 的功函

为进一步模拟实验结果,调整 CN 的负载厚度。通过增加 CN 的层数进行模拟,并建立相应模型。同时计算不同复合体的功函。图 4-48、图 4-49 和图 4-50 所示分别为 CN/BVNS、T-CN/BVNS 和 T-CN_{2L}/BVNS 的功函。

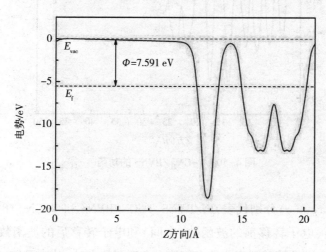

图 4-48　CN/BVNS 的功函

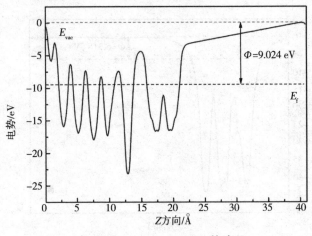

图 4-49 T-CN/BVNS 的功函

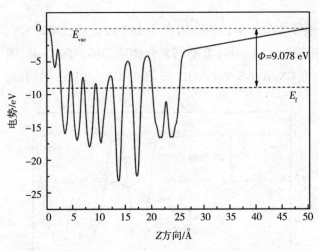

图 4-50 T-CN$_{2L}$/BVNS 的功函

图 4-51(a)~(c)分别代表 CN/BVNS、T-CN/BVNS 和 T-CN$_{2L}$/BVNS 的界面构型(左侧)、电子转移前的波函数(中间)和电子转移后的波函数(右侧)。图 4-52 为不同样品随时间变化的电荷注入含时过程曲线,从中可知,CN/BVNS 的电荷转移随时间呈现出线性特征,在 100 fs 内实现了约 50% 的电荷转移。当引入 TiO$_2$ 形成三元体系后,可以观察到电荷转移过程被显著促进,转移曲线呈现出二次函数特征,并且在 30 fs 内达到了 50% 的电荷转移。此外,当在构建的

模型中进一步增加 CN 的层数时,与单层模型相比,虽然电荷转移过程相对缓慢,但是依然可以有效地促进整体电荷转移过程,并且在 50 fs 内实现 50% 的电荷转移。

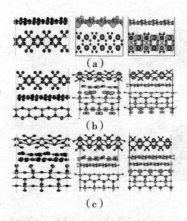

图 4-51　范德瓦耳斯异质结模型的界面构型(左侧)、电子转移前的波函数(中间)
和电子转移后的波函数(右侧)

CN/BVNS(a);T-CN/BVNS(b);T-CN$_{2L}$/BVNS(c)

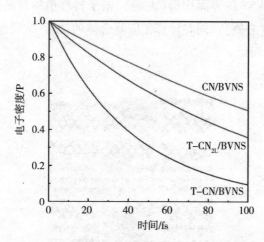

图 4-52　不同样品随时间变化的电荷注入含时过程曲线

为了验证所得异质结的界面相互作用,进一步在 CN 和 BVNS 的界面处引入羟基并形成 V—O—C 键,同时令异质结的其他特征保持恒定。图 4-53 为

Im-CN/BVNS、T-Im-CN/BVNS 和 T-Im-CN-Im/BVNS 的能带结构(Im-CN/BVNS 代表界面羟基化的 CN/BVNS,T-Im-CN-Im/BVNS 代表羟基化界面修饰的 T、CN 和 BVNS)。

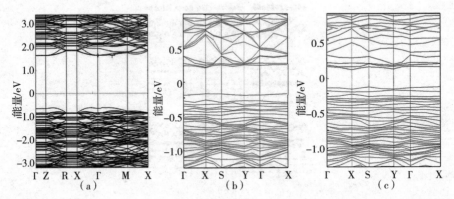

图 4-53 Im-CN/BVNS(a)、T-Im-CN/BVNS(b)和 T-Im-CN-Im/BVNS(c)的能带结构

通过优化 V—O—C 的结构获得了稳定的 Im-CN/BVNS 和 T-Im-CN/BVNS 异质结体系。图 4-54(a)~(c)分别代表 Im-CN/BVNS、T-Im-CN/BVNS 和 T-Im-CN-Im/BVNS 的界面构型(左侧)、电子转移前的波函数(中间)和电子转移后的波函数(右侧)。同时计算相应复合体的功函,结果分别如图 4-55、图 4-56 和图 4-57 所示。

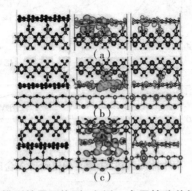

图 4-54 不同异质结模型的界面构型(左侧)、电子转移前的波函数(中间)和
电子转移后的波函数(右侧)

Im-CN/BVNS(a);T-Im-CN/BVNS(b);T-Im-CN-Im/BVNS(c)

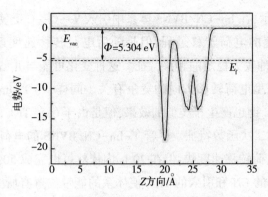

图 4-55　Im-CN/BVNS 的功函

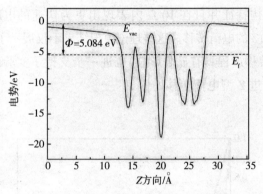

图 4-56　T-Im-CN/BVNS 的功函

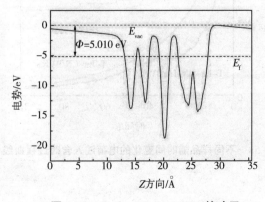

图 4-57　T-Im-CN-Im/BVNS 的功函

如图 4-58 所示,在 Im-CN/BVNS 体系中引入 V—O—C 键使得该体系在前 10 fs 内展现出快速的电荷转移过程,但是随后电荷转移速度逐渐放缓,并在 100 fs 内表现出一种较为稳定的转移特征。这种变化可能与 II 型异质结主导的电荷转移方向与 Z 型电荷转移方向的竞争有关。同样,在 T-Im-CN/BVNS 体系中引入 V—O—C 键也产生了类似的效果,但是由于存在 TiO$_2$,其电荷转移过程呈现出更明显的二次函数特征。尽管 T-Im-CN/BVNS 的电荷转移速度不如 Im-CN/BVNS 的电荷转移速度快,但在 20 fs 内依然可以完成 50% 的电荷转移。这主要归因于复合的 CN 和引入的 TiO$_2$ 使体系的能带位置有所上移,进而影响了电荷转移效率。另外,还考虑了可能存在的 Ti—O—C 键的影响。通过优化 V—O—C 结构,在附近构建了 Ti—O—C 键。优化后的 T-Im-CN-Im/BVNS 体系可以保持亚稳结构特征并且在 10 fs 内表现出更为快速的电荷转移特征,在 20 fs 内便可完成 80% 的电荷转移。这些理论模拟结果不仅展示了引入 V—O—C 键和 TiO$_2$ 对电荷转移过程具有显著影响,也进一步支持了实验结果,证明了引入 T 可以极大地促进 Z 型电荷转移。

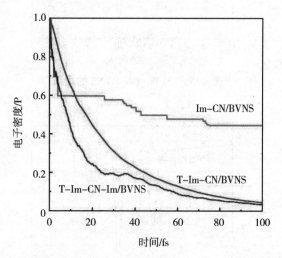

图 4-58　不同样品随时间变化的电荷注入含时过程曲线

4.6 拓展应用

为了进一步拓展能量平台策略的应用,利用宽禁带半导体材料 SnO_2 取代 T 作为能量平台与 CN/BVNS Z 型异质结复合制备 SnO_2-CN/BVNS,并对其电荷分离性质和光催化 CO_2 还原性能进行考察。图 4-59 为不同样品的羟基自由基谱图。从图中可以看出,引入 SnO_2 后,相较于 15CN/BVNS,SnO_2-15CN/BVNS 的电荷分离性能有了显著提升,这充分证明了引入 SnO_2 能够显著促进 Z 型电荷分离和转移。此外,为了探究不同窄禁带氧化物半导体材料在 Z 型异质结中的作用,用 Fe_2O_3 和 WO_3 代替 BVNS,获得了相似的电荷分离性能提升。如图 4-60 所示,在复合一定量的 T 之后,$5T$-15CN/WO_3 和 $5T$-15CN/Fe_2O_3 的 SPS 响应信号分别比 15CN/WO_3 和 15CN/Fe_2O_3 的 SPS 响应信号更强,进一步验证了该策略的有效性。

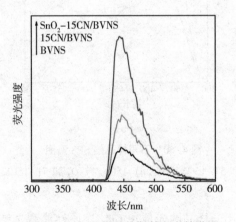

图 4-59　不同样品的羟基自由基谱图

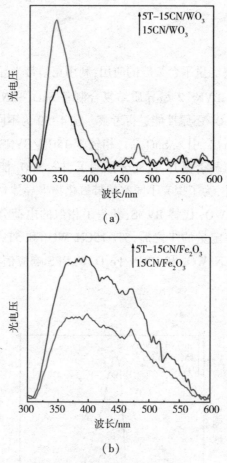

图 4-60　不同样品的 SPS 谱图

15CN/WO$_3$ 和 5T-15CN/WO$_3$(a);15CN/Fe$_2$O$_3$ 和 5T-15CN/Fe$_2$O$_3$(b)

　　图 4-61 所示为不同样品的光催化 CO$_2$ 还原性能测试结果,从中可以看出 5SnO$_2$-15CN/BVNS 的光催化性能明显高于 15CN/BVNS 的性能;T 复合的产物 5T-15CN/BVNS、5T-15CN/Fe$_2$O$_3$、5T-15CN/WO$_3$ 的光催化性能均比未复合的样品的性能更好。以上结果证明,引入能量平台对于促进 Z 型电荷分离和转移具有一定的普适性。

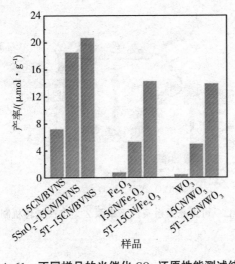

图 4-61　不同样品的光催化 CO₂ 还原性能测试结果图

　　根据上述实验和理论计算结果,绘制如图 4-62 所示的串联 Z 型电荷转移机制图。由图可知,可见光照射下,BVNS 导带的光生电子与 CN 价带的光生空穴发生复合;BVNS 价带中具有强氧化能力的光生空穴发生水氧化反应产生 O_2;与此同时,CN 导带的光生电子会进一步转移至引入的能量平台 T 上,触发 CO_2 还原反应。值得注意的是,所构建串联 Z 型异质结的三种组分都是二维片层结构,由于维度匹配形成紧密接触的界面可以加速并最大化地实现 Z 型电荷分离和转移。更重要的是,CN 的光生电子可以及时转移到引入的能量平台上,抑制光生电子在 CN 导带累积,极大地延长光生电子的寿命,进而提高光催化 CO_2 还原活性。

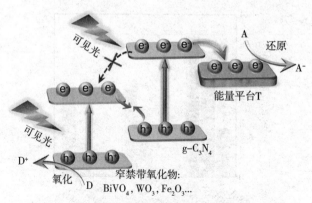

图 4-62　可见光照射条件下串联 Z 型电荷转移机制图

4.7　本章小结

本章发展了一种通用方法以制备具有高效电荷转移的 Z 型异质结光催化剂。通过引入能量平台促进 Z 型电荷分离和转移,且不损失较高的热力学反应氧化/还原电位,实现高效光催化 CO₂ 还原。以 (001) TiO₂-g-C₃N₄/BiVO₄ 纳米复合材料作为初始研究模型,实验结合理论模拟分析了 Z 型电荷转移及其增强机制。

(1)通过羟基诱导组装法,制备了维度匹配的 (001) TiO₂-g-C₃N₄/BiVO₄ 纳米复合材料。该材料在无助催化剂和牺牲剂的条件下展现出优异的光催化 CO₂ 还原性能。其中,最佳复合比例样品 g-C₃N₄/BiVO₄ 和 (001) TiO₂-g-C₃N₄/BiVO₄ 在可见光照射 4 h 条件下的催化 CO₂ 还原为 CO 的产量分别为 7.20 μmol · g⁻¹ 和 20.70 μmol · g⁻¹。

(2)光催化 CO₂ 还原活性提高主要是因为 (001) TiO₂ 作为电子能量平台可显著促进 g-C₃N₄ 与 BiVO₄ 之间的 Z 型电荷转移。利用 SPV、瞬态荧光光谱和 EPR 等技术证明 (001) TiO₂ 能够接收来自 g-C₃N₄ 导带的光生电子并延长其寿命,促进 Z 型电荷转移和分离。

(3)利用 DFT 计算研究电荷转移和注入过程。建立的范德瓦耳斯模型和模拟成键的异质结模型均表明引入 (001) TiO₂ 可加快 Z 型电荷转移进程,在界面引入羟基能进一步促进 Z 型电荷分离和转移。

（4）该能量平台策略同样适用于促进其他典型 Z 型异质结（如 CN/WO_3 和 CN/Fe_2O_3）的电荷转移；其他宽禁带半导体材料（如 SnO_2）作为可替代的电子能量平台，对促进 Z 型电荷转移同样适用。

第 5 章　宽光谱响应的 ZnPc/BiVO₄ 新 Z 型异质结的制备及其还原 CO₂ 性能

5.1　引言

基于传统 Z 型异质结,进一步引入如 TiO_2 等能量平台,可显著促进 Z 型电荷分离和转移。合理设计的串联 Z 型异质结在实现高效电荷转移的同时,还可以确保体系中具有强还原能力的电子和强氧化能力的空穴能够被有效利用,进而保障后续氧化还原反应的有效进行。然而,传统 Z 型异质结的两种半导体材料组分的吸光范围较为接近,存在光谱吸收范围重叠的问题。这会在一定程度上影响光的利用效率,从而影响 Z 型导质结光催化材料的光催化效率。此外,传统 Z 型异质结缺乏表面催化活性位点,限制了它的光催化性能。综上,构筑具有宽可见光响应范围且富含表面催化活性位点的新 Z 型光催化体系具有重要意义。

金属酞菁配合物(MPc)的结构类似于具有卟啉环的叶绿素,是一种具有强吸光性的材料。与 g-C_3N_4 不同的是,在 $550 \sim 800$ nm 波长范围内,MPc 对光的吸收具有选择性。与 $BiVO_4$ 的光吸收范围不重叠,有利于进一步拓宽 $BiVO_4$ 的光响应范围。值得注意的是,MPc 的 LUMO 能级位置通常较负,能够满足光催化 CO_2 还原的热力学反应电位,是一种潜在的能够作为 Z 型异质结还原物半导体材料的材料。此外,它的共轭大环结构非常有利于与 2D-$BiVO_4$ 建立维度匹配的界面。如果选择一种合适的 MPc 修饰 $BiVO_4$,那么利用其对可见光/近红外光区选择性吸收的特性和与 $BiVO_4$ 相匹配的能带位置,便有望构建一种具有宽可见光响应范围的新 Z 型异质结光催化体系。在扩展 $BiVO_4$ 可见光吸收范围的同时,还能够有效促进体系的电荷分离和转移。近年来,许多关于 MPc 的报道都是将 MPc 的配体和中心金属看作一个整体,并基于 MPc 的敏化作用将其应用于光催化降解污染物、光催化析氢和染料敏化太阳能电池等。事实上,基于 Z 型电荷转移过程,如果配体上的电子能够进一步向中心金属转移,那么便很有可能赋予其催化功能实现高效光催化 CO_2 还原。

在本章中,以酞菁锌(ZnPc)为例,通过羟基诱导组装法构建 ZnPc/BiVO₄ 新 Z 型异质结光催化剂。将不同质量比的 ZnPc 修饰在 BiVO₄ 上并讨论对其光生电荷分离和光催化 CO_2 还原性能的影响,同时利用实验结合合理论的方法计算分析光生电荷分离和转移机制并验证 CO_2 活化机制。

5.2　ZnPc/BiVO₄ 新 Z 型异质结的制备及其还原 CO_2 性能

5.2.1　ZnPc/BiVO₄ 新 Z 型异质结的制备

采用羟基诱导组装法制备 ZnPc/BiVO₄ 新 Z 型纳米复合材料。图 5-1 为 ZnPc/BiVO₄ 新 Z 型异质结的制备流程图。概括来说,首先制备 BiVO₄ 前驱体,然后将其引入 ZnPc 的乙醇分散液中,最后在羟基诱导作用下,将这两种物质进行组装,从而获得 ZnPc/BiVO₄ 纳米复合材料。具体而言,首先,将一定质量的 ZnPc 分散于 20 mL 无水乙醇中,超声处理 30 min 后,继续搅拌 1 h 直至获得均一溶液;同时,按照本书的 4.3.1 章节描述的方法制备 BiVO₄ 前驱体溶液。其次,将 ZnPc 的分散液与 BiVO₄ 前驱体溶液混合,继续搅拌 30 min 后,将混合物转移到 100 mL 以聚四氟乙烯为内衬的高压反应釜中,并在 120 ℃ 条件下水热处理 12 h。待反应釜自然冷却至室温后,用去离子水和无水乙醇交替洗涤产物并离心,再次将离心获得的产物在 60 ℃ 真空烘箱中干燥。最后,将干燥后的产物放置于马弗炉中在 400 ℃ 条件下煅烧 8 min,得到样品 ZnPc/BiVO₄ 新 Z 型异质结,记为 xZnPc/BVNS(x% = 0.5%、1%、1.5%;x% 代表 ZnPc 相对于 BVNS 的质量百分比)。

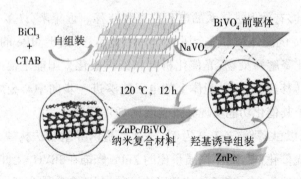

图 5-1　ZnPc/BiVO$_4$ 新 Z 型异质结的制备流程图

5.2.2　ZnPc 修饰对 BiVO$_4$ 纳米片结构的影响

图 5-2 为 BVNS 和 xZnPc/BVNS 的 XRD 谱图。从中可以看出,制备的 BVNS 为单斜白钨矿型;ZnPc 修饰没有改变 BVNS 的晶相、晶型以及结晶程度;在不同 ZnPc 负载比例的复合样品中均没有检测到归属于 ZnPc 的衍射峰,这可能与 ZnPc 的修饰量较少且在体系中的分散性较好有关。利用 DRS 光谱对 BVNS 和 xZnPc/BVNS 的光学吸收性质进行分析。如图 5-3 所示,ZnPc 修饰没有改变 BVNS 的主体吸收,但在 550~800 nm 的波长范围内显示有新的吸收带。这对应 ZnPc 的 Q 带吸收,说明 ZnPc 与 BVNS 成功复合并且引入 ZnPc 显著拓宽了 BVNS 的可见光吸收范围。

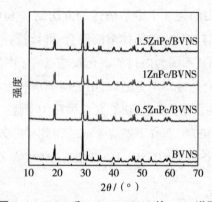

图 5-2　BVNS 和 xZnPc/BVNS 的 XRD 谱图

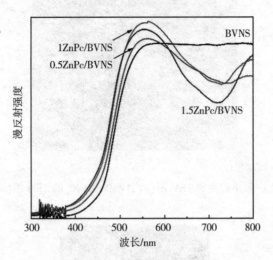

图 5-3　BVNS 和 *x*ZnPc/BVNS 的 DRS 谱图

　　利用 TEM 对 BVNS 和 ZnPc/BVNS 的微观形貌进行表征。图 5-4(a) 为 BVNS 的 TEM 图。从中可以清晰地看到,BVNS 为 50~100 nm 长、10~40 nm 宽的不规则长片状结构。图 5-4(b) 所示为复合样品的 TEM 图,以 1ZnPc/BVNS 为例。从图中可以看出,ZnPc 修饰不仅没有影响 BVNS 的形貌,还均匀覆盖在 BVNS 的表面。对 ZnPc/BVNS 进行 EDX 元素分析,如图 5-5(a)~(e) 所示,Bi、V、O 和 Zn 元素均匀分布在整个扫描区域,说明 ZnPc 在体系中分散均匀,且与 BVNS 形成了均一杂化结构。

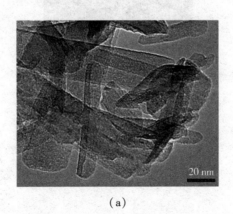

(a)

(b)

图 5-4　BVNS 的 TEM 图(a);1ZnPc/BVNS 的 TEM 图(b);

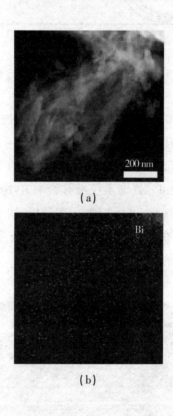

(a)

(b)

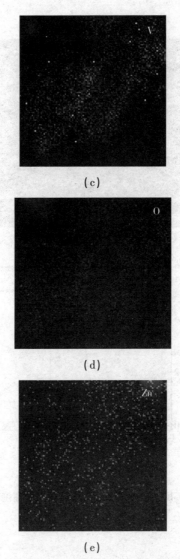

图 5-5　1ZnPc/BVNS 的高角环形暗场扫描图(a)及其相应元素

Bi(b)、V(C)、O(d)、Zn(e)的 EDX 扫描图

利用 AFM 对 BVNS 和 ZnPc/BVNS 的厚度进行表征。图 5-6(a)和(b)为
BVNS 的 AFM 图及其相应的高度图。从中可以看出，BVNS 的厚度约为
5.0 nm。ZnPc 修饰后，如图 5-7(a)和(b)所示，ZnPc/BVNS 的厚度相较 BVNS
增加了约 1.0 nm。这种超薄结构非常利于 BVNS 和 ZnPc 之间的电荷传输和分离。

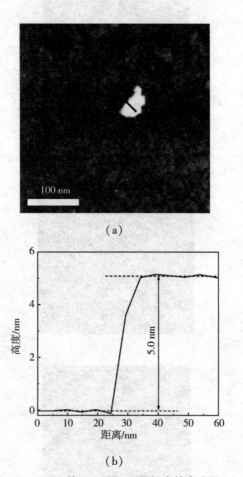

(a)

(b)

图 5-6　BVNS 的 AFM 图(a)及相应的高度图(b)

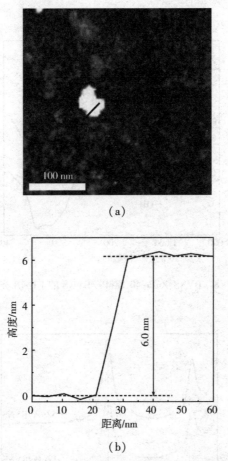

(a)

(b)

图 5-7 ZnPc/BVNS 新 Z 型异质结的 AFM 图(a)及相应的高度图(b)

为了确认 BVNS 和 ZnPc 的界面连接方式,首先利用 FT-IR 对样品进行分析。如图 5-8 所示,在 1ZnPc/BVNS 中,除了 BVNS 的特征峰外,还在 1 000 ~ 1 500 cm⁻¹ 范围内检测到了归属于 MPc 骨架和中心金属-配体的振动峰,说明 ZnPc 成功地修饰在 BVNS 上。此外,ZnPc 修饰后,位于 1 630 cm⁻¹ 处的 BVNS 表面羟基振动峰强度明显变弱。这直接表明 ZnPc 与 BVNS 的表面羟基有相互作用。从图 5-9 所示的拉曼光谱中可观察到,ZnPc 修饰后,归属于 BVNS 中 V—O 键的拉曼振动峰向拉曼位移增大的方向移动;并且随着 ZnPc 修饰量增加,拉曼振动峰强度也逐渐变强。结合 FT-IR 光谱的结果,这些现象进一步支持了 ZnPc 与 BVNS V—O 键上的羟基有相互作用的推测。

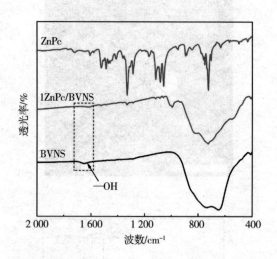

图 5-8　BVNS、ZnPc 和 1ZnPc/BVNS 的 FT-IR 光谱

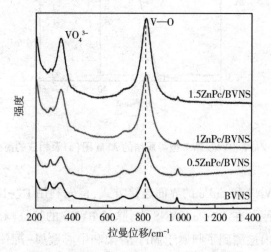

图 5-9　BVNS 和 xZnPc/BVNS 的拉曼光谱

　　进一步利用 XPS 能谱对 BVNS 和 ZnPc/BVNS 中元素的化学环境进行分析。如图 5-10 所示,在 BVNS 样品中检测到的位于 159.1 eV 和 164.5 eV 结合能处的特征峰,分别归属于 Bi $4f_{7/2}$ 和 Bi $4f_{5/2}$。1ZnPc/BVNS 中 Bi 4f 的结合能没有发生明显变化。图 5-11 所示为不同样品 V 2p 的 XPS 图,对 V 2p 的 XPS

进一步分峰拟合可知,制备的 BVNS 中存在归属于 V^{4+} 和 V^{5+} 的特征峰;修饰 ZnPc 后,1ZnPc/BVNS 中归属于 V^{4+} 的特征峰峰位向高结合能方向发生偏移。

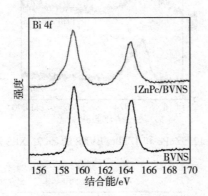

图 5-10　BVNS 和 1ZnPc/BVNS 的 Bi 4f XPS 谱图

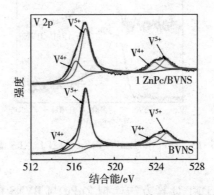

图 5-11　BVNS 和 1ZnPc/BVNS 的 V 2p XPS 谱图

　　如图 5-12 和图 5-13 所示,与 ZnPc 相比,1ZnPc/BVNS 中 Zn 2p 的结合能没有发生明显变化,而 N 1s 的特征峰则向高结合能方向发生偏移,这说明 ZnPc 通过配体中的 N 与 BVNS 相连。结合图 5-8 所示的 FT-IR 光谱和图 5-9 所示的拉曼光谱的测试结果,也可以合理推测 ZnPc 和 BVNS 是通过 ZnPc 配体上的 N 与 BVNS V—O 键上的羟基以氢键的形式相连。

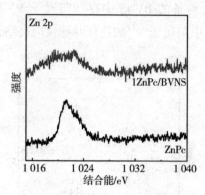

图 5-12　ZnPc 和 1ZnPc/BVNS 的 Zn 2p XPS 谱图

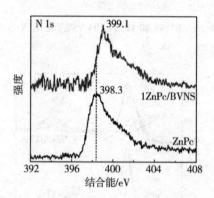

图 5-13　ZnPc 和 1ZnPc/BVNS 的 N 1s XPS 谱图

　　通过第一性原理 DFT 计算方法模拟 ZnPc 与 BVNS 的界面连接方式。图 5-14 为 DFT 优化的 ZnPc/BVNS 结构俯视图(a)和侧视图(b)。

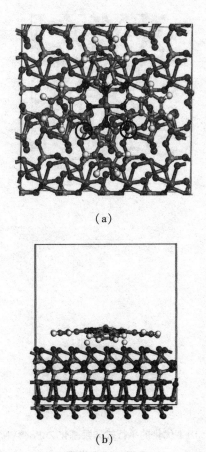

（a）

（b）

图 5-14　DFT 优化的 ZnPc/BVNS 结构图

俯视图（a）；侧视图（b）

对比非羟基化 BVNS 表面与 ZnPc 的界面作用，具体讨论 BVNS 和 ZnPc 的平行式结构和垂直结构的稳定模型。图 5-15 所示为 DFT 优化的平行式非羟基化 ZnPc/BVNS 结构俯视图（a）和侧视图（b）。图 5-16 所示为 DFT 优化的垂直式非羟基化 ZnPc/BVNS 结构俯视图（a）和侧视图（b）。

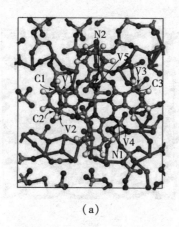

(a)

(b)

图 5-15　DFT 优化的平行式非羟基化 ZnPc/BVNS 结构图

俯视图(a);侧视图(b)

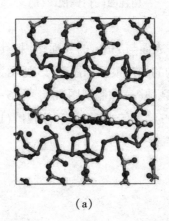

(a)

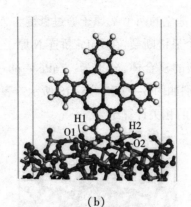

（b）

图 5-16　DFT 优化的垂直式非羟基化 ZnPc/BVNS 结构图

俯视图（a）；侧视图（b）

由图 5-15 和图 5-16 可知，优化的垂直式非羟基化 ZnPc/BVNS 结构表现为 ZnPc 的 H 原子与 BiVO$_4$ 的 O 原子之间存在弱氢键的垂直几何的局部最小值；而平行式非羟基化 ZnPc/BVNS 结构则表现为 ZnPc 的 N 原子和 C 原子与 BiVO$_4$ 的 V 原子之间存在强相互作用的平行吸附结合的全局最小值。在不考虑表面羟基影响的情况下，计算 ZnPc 在 BiVO$_4$ 表面的稳定吸附结构的相关键长与吸附能。表 5-1 和表 5-2 为 ZnPc 在 BiVO$_4$ 表面吸附的相关计算结果。

表 5-1　平行-ZnPc 在 BiVO$_4$ 表面吸附后计算所得的键长和吸附能

	C1—V1/Å	C2—V2/Å	C3—V3/Å	N1—V4/Å	N2—V5/Å	E_{abs}/eV
平行-ZnPc/BVNS	2.17	2.15	2.25	2.08	2.08	−1.14

表 5-2　垂直-ZnPc 在 BiVO$_4$ 表面吸附后计算所得的键长和吸附能

	O1—H1/Å	O2—H2/Å	E_{abs}/eV
垂直- ZnPc/BVNS	2.40	2.36	−0.08

同步计算 ZnPc 在部分羟基化 BiVO$_4$ 表面的吸附情况，也可得到两种稳定

构型。一是稳定表面羟基化的两个 V 原子通过氢键与 ZnPc 桥连 N 原子发生弱相互作用；二是其中一个氢键断裂，在 ZnPc 桥连 N 原子上形成 N—H 键。由此可获得另两种合理构型的复合体，分别为：ZnPc／ph-BiVO$_4$-1 和 ZnPc／ph-BiVO$_4$-2。其结构图分别如图 5-17 和图 5-18 所示。表 5-3 为 ZnPc 在部分羟基化的 BiVO$_4$ 表面吸附的相关计算结果。

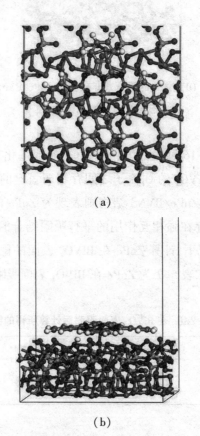

(a)

(b)

图 5-17　DFT 优化的表面羟基化 ZnPc/BVNS(ZnPc／ph-BiVO$_4$-1)结构图

俯视图(a)；侧视图(b)

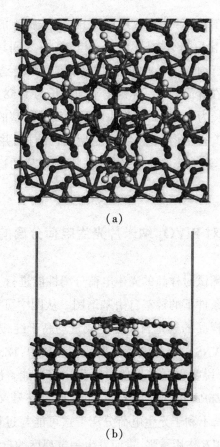

（a）

（b）

图 5-18　DFT 优化的表面羟基化 ZnPc/BVNS（ZnPc / ph-BiVO₄-2）结构图

俯视图（a）；侧视图（b）

表 5-3　ZnPc 在部分羟基化的 BiVO₄ 表面吸附后计算所得的键长和吸附能 E_{abs}

	C1—V1/Å	C2—V2/Å	C3—V3/Å	吡咯 N—V（平均）/Å	桥位 N…H/Å	V—OH/Å	VO…H/Å	E_{abs}/eV
ZnPc / ph-BiVO₄-1	2.38	2.29	2.37	2.08	2.08；1.21	2.14	1.91	-1.19
ZnPc / ph-BiVO₄-2	2.41	2.28	2.26	2.25	1.56；1.60	2.01；2.07	2.04；2.06	-1.18

综上可知,ZnPc 在 BVNS 表面或羟基化 BVNS 表面上的稳定吸附结构是通过 V 原子实现的。优化后的结构显示 ZnPc 与 BVNS 之间具有强相互作用。部分羟基化的 BVNS 具有约 0.11 eV 的吸附能(相对于未羟基化的 BVNS),表明其稳定性有所提高。在界面处 N—H 键的平均键长为 1.58 Å(属于正常范围),而 O—H 键的平均键长为 2.10 Å,可能表明是界面处典型的弱氢键。垂直几何结构需要克服约 0.53 eV 的势垒才能转变为平行结构,并在这一过程中释放 1.06 eV 的电子能量。这充分反映了平行吸附几何结构的稳定性和吸附过程中 V 原子活性的增加。

5.2.3　ZnPc 修饰对 BiVO$_4$ 纳米片光生电荷分离的影响

利用羟基自由基测试对样品的光生电荷分离性能进行分析。图 5-19 为不同样品在可见光照射条件下的羟基自由基谱图。从图中可以看出,可见光照射条件下,ZnPc 修饰的样品的羟基自由基生成量均高于纯相 BVNS,表明适量的 ZnPc 修饰能够提高 BVNS 的光生电荷分离效率。其中,1ZnPc/BVNS 表现出最强的羟基自由基信号,说明它具有最佳的电荷分离性能。但当 ZnPc 修饰量过多时,复合样品(1.5ZnPc/BVNS)的羟基自由基的信号又随之降低,说明当 ZnPc 的负载量过多时,不利于光生电荷分离。这可能与过量的 ZnPc 修饰导致 ZnPc 分子间的 π-π 相互作用增强,进而发生一定程度的自聚集,从而影响样品的电荷传输有关。

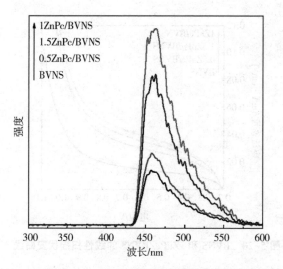

图 5-19　BVNS 和 xZnPc/BVNS 在可见光照射条件下的羟基自由基谱图

光电化学测试进一步验证了羟基自由基测试所揭示的电荷分离性能。图 5-20 所示为不同样品在可见光照射条件下的线性扫描伏安曲线。从图中可以看出，ZnPc 修饰可显著提高 BVNS 的光电流密度。其中，1ZnPc/BVNS 具有最强的光电流响应，这意味着它具有最强的电荷分离性能，其在 0.6 V 电压下的光电流密度约为纯相 BVNS 的 4 倍。随后，利用电化学阻抗谱探究样品的界面电荷传输情况，得到如图 5-21 所示的不同样品在可见光照射条件下的电化学阻抗谱。从图中可以看出，BVNS 和 1ZnPc/BVNS 的曲线弧半径依次减小，即阻抗值依次降低，说明引入 ZnPc 能够有效降低界面电荷传输电阻，提高 BVNS 的光生电荷分离性能。显然，电化学阻抗的结果与线性扫描伏安曲线测试和羟基自由基测试的结果一致。

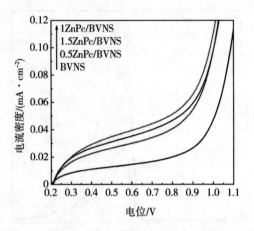

图 5-20 BVNS 和 xZnPc/BVNS 的线性扫描伏安曲线

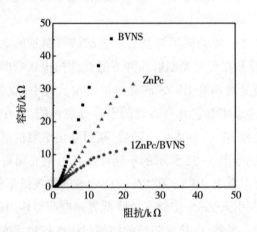

图 5-21 BVNS、ZnPc 和 1ZnPc/BVNS 的电化学阻抗谱

5.2.4 ZnPc/BiVO₄ 的光催化 CO₂ 还原性能

在可见光照射条件下测试 BVNS 及 ZnPc/BVNS 的光催化 CO₂ 还原性能。图 5-22 所示为 BVNS 和不同负载比例的 ZnPc 修饰 BVNS 的可见光催化 CO₂ 还原测试结果。由图可知,xZnPc/BVNS 的光催化 CO₂ 还原性能高于 BVNS 的光催化 CO₂ 还原性能,说明引入 ZnPc 可显著提高 BVNS 的光催化 CO₂ 还原性能。CO 和 CH$_4$ 为主要的还原产物,同时还检测到了一定量的氧化产物 O$_2$,此外没有检测到其他的气相或液相产物。其中,1ZnPc/BVNS 具有最高的光催化 CO$_2$ 还原性能,其 CO$_2$ 还原为 CO 的产量约为 BVNS 的 4 倍。在暗态条件和 N$_2$ 饱和条件下进行光催化 CO$_2$ 还原性能测试,均未检测到还原产物或氧化产物,证明这是光驱动的 CO$_2$ 还原反应。为了验证 ZnPc 的稳定性,以 1ZnPc/BVNS 为例进行循环测试。如图 5-23 所示,经过 5 次循环实验(每次循环反应时长为 4 h),1ZnPc/BVNS 的光催化 CO$_2$ 还原性能都没有发生明显的衰减,证明所制备的催化剂具有较高的稳定性。

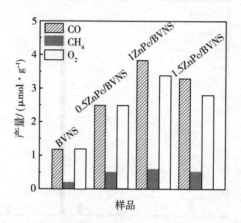

图 5-22　BVNS 和 xZnPc/BVNS 在可见光照射 4 h 条件下的还原 CO$_2$ 性能测试结果图

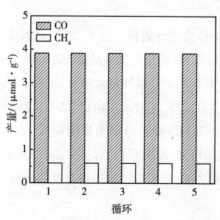

图 5-23　1ZnPc/BVNS 的循环测试结果图

通过 ${}^{13}C$ 标记的同位素实验验证反应产物的来源。将原反应体系中的 CO_2 替换为 ${}^{13}CO_2$，在相同的实验条件下进行光催化 CO_2 还原测试并用气相色谱-质谱联用仪（GC-MS）对反应产物进行检测。图 5-24 为 1ZnPc/BVNS 的 ${}^{13}C$ 标记的同位素谱图，在反应产物中检测到了质荷比为 29、17 和 32 的碎片，分别对应于 ${}^{13}CO$、${}^{13}CH_4$ 和 O_2。这说明获得的还原产物来自反应物 CO_2，而不是源于 ZnPc 的分解或者合成残留的有机物的分解。

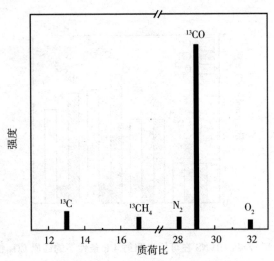

图 5-24　1ZnPc/BVNS 的 ${}^{13}C$ 标记的同位素谱图

进一步对反应后的样品进行表征。图 5-25 所示为反应前后 1ZnPc/BVNS 的 DRS 谱图。从中可以看出，反应后的样品在 550~800 nm 的波长范围内依然有较强的光吸收，且与反应前的吸收带基本吻合，说明 ZnPc 在反应过程中依然可以保持结构的完整性。此外，还对反应前后 1ZnPc/BVNS 中元素的化学环境进行表征。图 5-26（a）和（b）所示分别为反应前后 1ZnPc/BVNS 的 Zn 2p 和 N 1s 的 XPS 谱图。由图可知，反应后样品的 Zn 2p 和 N 1s 的特征结合能没有发生明显偏移。这证明 ZnPc 在反应过程中没有发生分解，其结构没有被破坏，具有较高的稳定性。

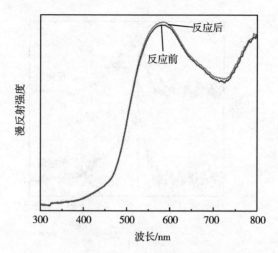

图 5-25　反应前后 1ZnPc/BVNS 的 DRS 谱图

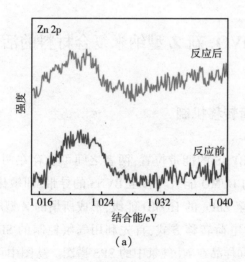

（a）

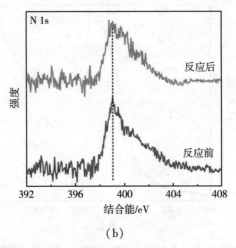

（b）

图 5-26　反应前后 1ZnPc/BVNS 的 Zn 2p(a) 和 N 1s(b) 的 XPS 谱图

5.3　ZnPc/BiVO$_4$ 新 Z 型纳米复合材料的活性提高机制

5.3.1　Z 型电荷转移机制

　　基于 ZnPc 和 BVNS 的能带位置,两者之间可能存在两种电荷转移方式:(1)电子从 ZnPc 的 LUMO 能级转移至 BVNS 的导带,即敏化过程;(2)电子从 BVNS 的导带转移至 ZnPc 的 HOMO 能级,形成所谓的 Z 型电荷转移机制。为了揭示两者之间的电荷转移方式,首先利用气氛控制的 SPS 对其进行分析。图 5-27 展示了不同样品在 N$_2$ 气氛中的 SPS 谱图。从图中可以看出,在 BVNS 和 1ZnPc/BVNS 中均没有检测到 SPS 响应信号。这说明在单色光探测条件下,两者之间并没有发生明显的电荷转移。特别是在 550~800 nm 的波长范围内,即 ZnPc 能够被激发的波长范围内,也几乎检测不到相应的 SPS 响应信号。这一结果排除了 ZnPc 对 BVNS 的敏化作用。

　　由于 ZnPc 的选择性吸光特性,在 SPS 固有的单波长扫描模式下很难保证 ZnPc 和 BVNS 同时被激发,因此在测试过程中额外使用一束 660 nm 的单色光来辅助激发 ZnPc。由图可以看出,在 660 nm 单色光辅助激发条件下,

1ZnPc/BVNS 在 300~550 nm 的波长范围内检测到了明显的 SPS 响应信号。正如图 5-25 反应前后 1ZnPc/BVNS 的 DRS 谱图所示，ZnPc 的光响应范围在 550~800 nm，而 BVNS 能够吸收入射波长小于 550 nm 的光。由此可知，只有当两种光催化材料同时被激发时，才会发生电荷分离和转移。相应地，当使用 520 nm 的单色光辅助激发 BVNS 时，如图 5-28 所示，在 600~800 nm 波长范围内也检测到了 SPS 响应信号。综上可知，只有在 BVNS 和 ZnPc 被同时激发的情况下，光生电荷分离和转移才能被检测到，这也证明了两者之间遵循 Z 型电荷转移机制。

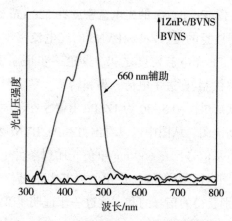

图 5-27　BVNS 和 1ZnPc/BVNS 在 660 nm 辅助光激发条件下的 SPS 谱图

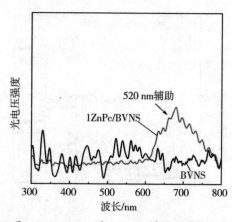

图 5-28　BVNS 和 1ZnPc/BVNS 在 520 nm 辅助光激发条件下的 SPS 谱图

通过单波长光电化学作用谱对 BVNS 与 ZnPc 之间的 Z 型电荷转移机制进行进一步验证。图 5-29 所示为不同样品的归一化单波长光电化学作用谱,可以看出 BVNS 的光电流密度随着激发波长由 520 nm 到 400 nm 变化而逐渐增大。ZnPc 的光电流密度则随着激发波长由 700 nm 到 600 nm 变化而逐渐增大,这与其特征性吸光范围是对应的。1ZnPc/BVNS 的光电流密度在相应的激发波长范围内遵循与 BVNS 和 ZnPc 的光电流密度相似的规律。也就是说,在这种单一激发波长扫描条件下,BVNS 和 ZnPc 分别被激发,导致两者之间的电荷分离和转移性能较弱。然而,在 BVNS 可以被激发的波长范围内,用 660 nm 的单色光辅助激发 ZnPc,1ZnPc/BVNS 的光电流密度在 520 nm 到 400 nm 的波长范围内迅速增大。值得注意的是,1ZnPc/BVNS 的光电流密度远大于相应的单独的 BVNS 和单独的 ZnPc 光电流密度之和。这进一步证明了 ZnPc 和 BVNS 之间符合 Z 型电荷转移机制,促进了电荷分离和转移。单波长羟基自由基测试进一步支持了这一测试结果。图 5-30 为 1ZnPc/BVNS 在不同波长单色光激发下的归一化羟基自由基谱图。从图中可以看出,1ZnPc/BVNS 在 520 nm 单色光照射条件下的羟基自由基信号比 660 nm 单色光照射条件下的羟基自由基信号更高;当两束单色光同时照射样品时,产生的羟基自由基信号远大于在 520 nm 和 660 nm 条件下分别获得的信号的和。这进一步证明了 BVNS 和 ZnPc 之间遵循 Z 型电荷分离和转移机制。

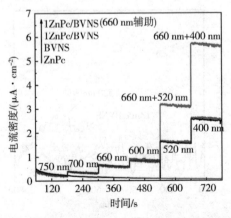

图 5-29　ZnPc、BVNS 和 1ZnPc/BVNS 的归一化单波长光电化学作用谱

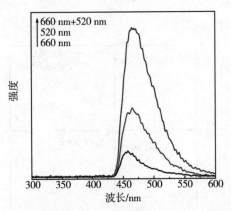

图 5-30　1ZnPc/BVNS 在不同波长单色光激发下的归一化羟基自由基谱图

　　在上述提出的 Z 型电荷转移路径基础上,ZnPc 在吸收光能后产生的激发态电子有望进一步转移至其中心配位金属,以催化 CO₂ 还原反应。为分析与验证这一过程,利用 EPR 进行实验。图 5-31 展示了 BVNS 在暗态和光照条件(520 nm)下的 EPR 谱图。从图中可以看出,在 BVNS 上可检测到归属于 V⁴⁺ (g=1.964 6)的 EPR 信号。这与本书的 5.2 章节中 XPS 的结果相吻合,且光照前后 EPR 信号强度基本一致。图 5-32 为 ZnPc 在暗态和光照条件(660 nm)下的 EPR 图。由图可知,ZnPc 上有两处明显的 EPR 信号,分别对应于部分被还原的 Zn⁺ (g=1.968 4)和 ZnPc 配体中游离的自由电子(g=1.999 8)。这两处 EPR 信号强度在光照前后也基本保持不变。

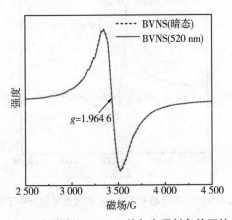

图 5-31　BVNS 在暗态和 520 nm 单色光照射条件下的 EPR 谱图

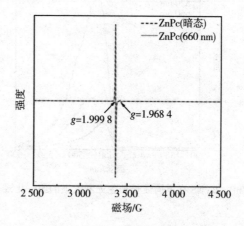

图 5-32　ZnPc 在暗态和 660 nm 单色光照射条件下的 EPR 谱图

图 5-33 和图 5-34 所示为 ZnPc/BVNS 在暗态和不同波长单色光照射条件下的 EPR 谱图。从图中可以看出,在暗态条件下,在 ZnPc/BVNS 中可同时检测到归属于 V^{4+} 和 ZnPc 配体中游离的自由电子的 EPR 信号;当分别用 520 nm 和 660 nm 的单色光照射样品时,ZnPc/BVNS 的 EPR 信号并没有发生明显变化。这说明 BVNS 和 ZnPc 单独被激发时,两者之间没有发生明显的电荷转移。

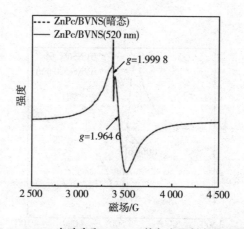

图 5-33　ZnPc/BVNS 在暗态和 520 nm 单色光照射条件下的 EPR 谱图

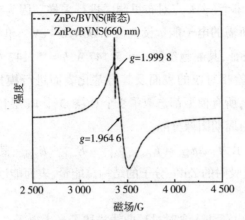

图 5-34 ZnPc/BVNS 在暗态和 660 nm 单色光照射条件下的 EPR 谱图

图 5-35 所示为 ZnPc/BVNS 在暗态和紫外可见光照射条件下的 EPR 谱图。从中可以看出,当用紫外可见光照射 ZnPc/BVNS 时,BVNS 和 ZnPc 同时被激发,V^{4+} 的 EPR 信号明显降低。这是因为电子从 BVNS 向 ZnPc 转移,导致 V^{4+} 的外层电子排布从 $3d^1$ 变成 $3d^0$,进而导致自旋信号降低。这一结果也为 BVNS 和 ZnPc 之间遵循 Z 型电荷转移路径的观点提供了有力依据。

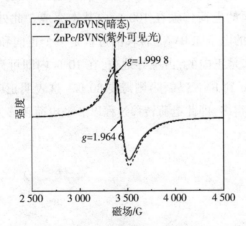

图 5-35 ZnPc/BVNS 在暗态和紫外可见光照射条件下的 EPR 谱图

此外,从理论计算方面也可验证激发态电子在界面的转移过程。本章中涉及的理论模拟方法可参照第 4 章。不过,平面波动能截断能应设定为

400.00 eV,并使用单个(γ)k 点对布里渊区进行采样。因为计算单元大且对称性较低,所以收敛所需的电子能量设置为 1.00×10^{-4} eV。单斜晶相的 BiVO$_4$ 具有 I2/b 的空间群特征,其晶胞参数 a = 5.147 Å,b = 5.147 Å,c = 11.721 6 Å,γ = 90°。选择与实验相对应的表面及其羟基化表面进行模拟。为了消除平面原子层厚度的影响,所有模型都选取了 9 个 O 层,3 个 Bi 层和 3 个 V 层,并通过至少 20 Å 的真空与周期图像分隔。

吸附能可以表示为:$\Delta E_{ads} = E_{(surf + ZnPc)} - E_{surf} - E_{ZnPc}$,其中 $E_{(surf + ZnPc)}$、E_{surf} 和 E_{ZnPc} 分别代表被吸附的 ZnPc 分子的结构总能量、表面能以及 ZnPc 分子的能量。

随时间变化的电荷注入含时过程曲线描述了光生电子在时间 t 内仍然存在于吸附体分子中的概率。因此,可以通过将时间演化的电子波函数应用于吸附体系分子中的原子轨道来计算随时间变化的电荷注入含时过程。根据半经验的延展休克尔哈密顿量理论,执行半经典的量子动力学模拟,以获取超快速界面电子转移的详细信息。这里的半经验的延展休克尔哈密顿量不仅考虑了 π 轨道,还考虑了由 s 轨道、p 轨道和 d 轨道形成的 σ 轨道以更准确地表示一个完整的价层。

图 5-36 所示为 ZnPc/BVNS 的电荷注入含时过程曲线。从图中可以看出,BVNS 和 ZnPc 界面的电荷传输在 100 fs 内基本完成。此处,BVNS 的电子向 ZnPc 转移和 ZnPc 的电子向 BVNS 转移的过程是一个正向和反向的竞争过程。BVNS 到 ZnPc 转移是正向的,占主导地位,在 10 fs 内即可完成 80% 的电荷转移,而反向(从 ZnPc 到 BVNS 转移)则需要 80 fs。这表明正向的电荷转移比反向的电荷转移要快得多,即此电荷转移过程以 Z 型电荷转移为主。

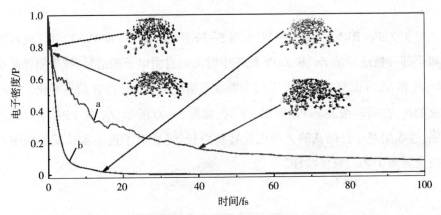

图 5-36　ZnPc/BVNS 的电荷注入含时过程曲线

电子从 ZnPc 向 BVNS 转移(a);电子从 BVNS 向 ZnPc 转移(b)

基于 Z 型电荷转移机制,如果电子可以进一步转移到中心配位金属离子 Zn^{2+},则 Zn 物种的 EPR 信号将发生变化。但是,因为 Zn^+ 的 EPR 信号 ($g = 1.968\ 4$)强度较弱,并且与 ZnPc/BVNS 中的 V^{4+} 具有相似的 g 因子 ($g = 1.964\ 6$),所以很难观测 EPR 信号的变化情况。为了清晰地辨别光照前后 Zn 物种的变化,将 ZnPc 负载于单斜相 BiVO₄ 纳米片(BVNF)制备 ZnPc/BVNF 以排除 V^{4+} 的影响。图 5-37 所示为 BVNF 的 EPR 谱图。从图中可以看出,在 BVNF 上检测到了归属于氧空位的 EPR 信号($g = 2.000\ 6$),且光照前后此 EPR 信号都没有发生明显变化。

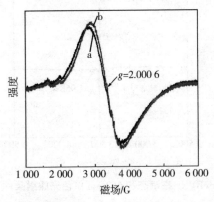

图 5-37　BVNF 在暗态(a)和 520 nm 单色光照射(b)下的 EPR 谱图

对于 ZnPc/BVNF,如图 5-38 和图 5-39 所示,在 ZnPc/BVNF 中仅观察到归属于部分被还原的 Zn$^+$ 和 ZnPc 配体中游离的自由电子的信号;被检测样品在 520 nm 和 660 nm 单色光激发下均未观察到明显的 Zn$^+$ 的 EPR 信号变化。但有意义的是,在同时激发 ZnPc 和 BVNF 时,如图 5-40 所示,Zn$^+$ 的 EPR 信号明显增强,这表明基于已确认的 Z 型电荷转移路径,光生电子进一步从配体向中心配位金属离子 Zn^{2+} 发生转移。

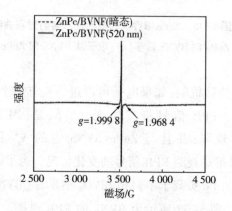

图 5-38　ZnPc/BVNF 在暗态和 520 nm 单色光照射条件下的 EPR 谱图

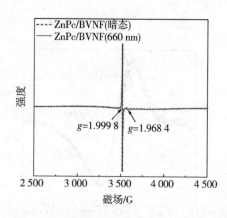

图 5-39　ZnPc/BVNF 在暗态和 660 nm 单色光照射条件下的 EPR 谱图

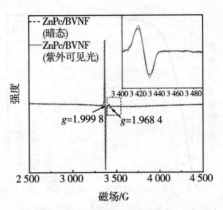

图 5-40　ZnPc/BVNF 在暗态和紫外可见光照射条件下的 EPR 谱图

5.3.2　CO$_2$ 的活化

利用电化学还原实验对 ZnPc 的中心配位金属的催化功能进行验证,并制备非金属酞菁修饰的 BVNS(H$_2$Pc/BVNS)作为参比样品。图 5-41 所示为不同样品在 N$_2$ 饱和条件下测试的电化学还原曲线。从中可以看出,在 N$_2$ 饱和条件下,1H$_2$Pc/BVNS 起始电位与 BVNS 类似,说明 H$_2$Pc 没有表现出催化功能;正如预期的那样,1ZnPc/BVNS 的起始电位明显低于 BVNS,说明 ZnPc 的 Zn^{2+} 的催化作用使其更有利于水还原。图 5-42 为不同样品在 CO$_2$ 饱和条件下测试的电化学还原曲线。对比可知,1ZnPc/BVNS 表现出更低的起始电位,说明 ZnPc 修饰更有利于 CO$_2$ 还原。

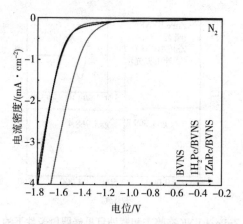

图 5-41 BVNS、$1H_2Pc/BVNS$ 和 $1ZnPc/BVNS$ 在 N_2 饱和条件下测试的电化学还原曲线

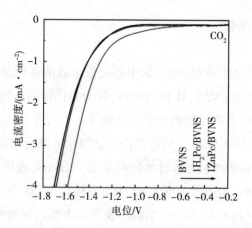

图 5-42 BVNS、$1H_2Pc/BVNS$ 和 $1ZnPc/BVNS$ 在 CO_2 饱和条件下测试的电化学还原曲线

电化学还原测试的结果通过 CO_2-程序升温脱附(CO_2-TPD)曲线进一步得到了印证。图 5-43 为 BVNS 和 $1ZnPc/BVNS$ 的 CO_2-TPD 曲线。为了保持 ZnPc 的热稳定性,将程序升温的最高温度设置为 400 ℃。从图中可以看到,BVNS 对 CO_2 的吸附能力较弱;与 BVNS 相比,$1ZnPc/BVNS$ 能够吸附更多的 CO_2。这是因为 ZnPc 具有大环 π 网络结构、CO_2 分子间具有 π-π 相互作用,所以 $1ZnPc/BVNS$ 在 CO_2 吸附方面表现出更优异的性能。

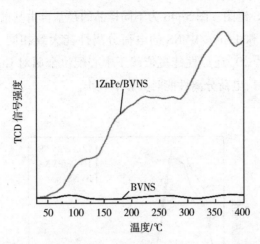

图 5-43　BVNS 和 1ZnPc/BVNS 的 CO_2-TPD 曲线

　　同时,对比 $1H_2Pc$/BVNS 和 1ZnPc/BVNS 的光催化 CO_2 还原性能,结果如图 5-44 所示。从中可以看出,虽然修饰 H_2Pc 可以提高 BVNS 的光催化 CO_2 还原性能,但是 1ZnPc/BVNS 的相关性能依然远高于 $1H_2Pc$/BVNS 的。

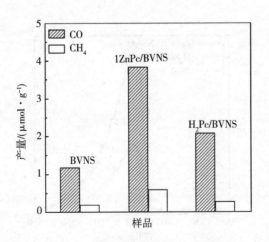

图 5-44　BVNS、$1H_2Pc$/BVNS 和 1ZnPc/BVNS 在可见光照射 4 h 条件下的 CO_2 还原性能测试结果图

　　进一步对比 $1H_2Pc$/BVNS 和 1ZnPc/BVNS 的光生电荷分离性质。图 5-45

为不同样品的 SPS 谱图。图 5-46 为不同样品的羟基自由基谱图。从中可以看出,1H$_2$Pc/BVNS 和 1ZnPc/BVNS 的电荷分离性能大致相同。这表明 1ZnPc/BVNS 的高光催化 CO$_2$ 还原性能更依赖于中心配位金属对 CO$_2$ 还原反应的催化作用。相较而言,电荷分离性能对其影响较小。

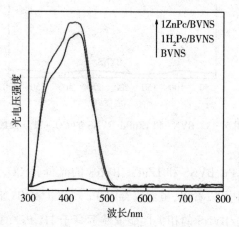

图 5-45　BVNS、1H$_2$Pc/BVNS 和 1ZnPc/BVNS 的 SPS 谱图

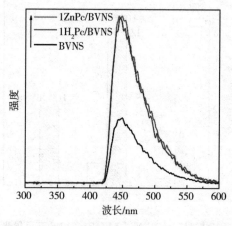

图 5-46　BVNS、1H$_2$Pc/BVNS 和 1ZnPc/BVNS 的羟基自由基谱图

基于上述实验及理论计算结果,绘制如图 5-47 所示的 Z 型电荷转移机制图。当 BVNS 和 ZnPc 同时被可见光激发时,因为两者之间能带结构匹配,所以

BVNS 导带的光生电子会迅速地与 ZnPc HOMO 能级的光生空穴复合。在这种情况下,BVNS 和 ZnPc 的光生载流子的分离效率均得到显著提高,并且空间分离的 BVNS 的光生空穴和 ZnPc 的光生电子将分别具有更高的氧化能力和更高的还原能力,从而诱发还原反应和氧化反应,极大提升光催化活性。此外,ZnPc 的中心配位金属离子 Zn^{2+} 能够进一步接收来自配体的电子,催化发生 CO$_2$ 还原反应。

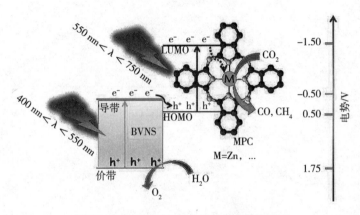

图 5-47　MPc/BVNS 的 Z 型电荷转移机制

5.4　本章小结

本章通过羟基诱导组装法成功制备了具有宽光谱响应的 ZnPc/BiVO$_4$ 新 Z 型异质结光催化剂。ZnPc 修饰显著促进了 BVNS 的光生电荷分离并提高了其光催化 CO$_2$ 还原性能。结合实验和 DFT 理论模拟揭示了电荷分离和转移行为,同时探究了光催化 CO$_2$ 还原性能提高机制。具体而言,可分为以下四点:

(1)通过羟基诱导组装法制备了维度匹配的 ZnPc/BVNS,该材料表现出优异的光催化 CO$_2$ 还原性能。在无牺牲剂的条件下,最佳修饰比例的 ZnPc/BiVO$_4$ 纳米复合材料在 4 h 的可见光照射条件下催化 CO$_2$ 还原为 CO 的产率为 3.85 μmol·g^{-1},约为 BiVO$_4$ 纳米片的 4 倍。

(2)光催化 CO$_2$ 还原性能提高的主要原因是引入 ZnPc 显著拓宽了 BiVO$_4$ 的可见光响应范围并提高了其光生电荷分离性能。

（3）利用单色光辅助的 SPS、单波长光电化学作用谱及 EPR 等检测技术并结合 DFT 理论计算，证明了 ZnPc 和 BVNS 之间的 Z 型电荷转移机制。

（4）研究揭示了 ZnPc 的中心配位金属 Zn^{2+}能够接收来自配体的电子，进而催化发生 CO$_2$ 还原反应的机理。

第6章　石墨烯调控的 ZnPc/BiVO₄ 新 Z 型异质结的制备及其还原 CO₂ 性能

6.1　引言

通过修饰如 ZnPc 等 MPC 与 BiVO₄ 构建光谱吸收范围不重叠的新 Z 型异质结,可以在提高 BiVO₄ 光生电荷分离性能的同时,引入催化活性中心以催化发生 CO₂ 还原反应,从而大幅提高 BiVO₄ 的光催化活性。然而,当尝试进一步提高 ZnPc 的负载量时,却发现光催化活性并未随之进一步提升。这主要是因为 ZnPc 分子间的 π-π 相互作用使其非常容易发生自聚集行为,从而难以提高具有最佳厚度的 ZnPc 的负载量。在这种情况下,由于 BiVO₄ 与 ZnPc 的吸光能力不匹配,所构建的新 Z 型异质结的电荷分离和转移将非常容易被影响。因此,诱导高分散的 ZnPc 在 BiVO₄ 上可控组装,进而提高其负载量,以促进两者之间的 Z 型界面电荷转移效率同时增强体系的光吸收,有望进一步提高光催化 CO₂ 还原性能。

有研究表明,纳米碳材料修饰可以有效抑制 MPc 的自聚集行为,从而提高其分散性。石墨烯是一种由碳原子以 sp^2 杂化轨道组成的平面二维碳纳米材料,其二维结构和优异的导电性非常利于促进所构建的二维 Z 型异质结界面的电荷分离和转移。特别是功能化石墨烯(G)常含有丰富的表面基团,易于修饰在无机半导体材料表面从而建立紧密连接的界面。第 5 章已经证明 BiVO₄ 的表面羟基能够诱导 ZnPc 可控组装,进一步增加 BiVO₄ 的表面羟基含量将有望调控 ZnPc 的分散性并抑制其自聚集行为,从而提高负载量。

本章通过两步羟基诱导组装法构建 ZnPc/G/BVNS,重点探讨以石墨烯为代表的纳米碳材料对 MPc 在 BiVO$_4$ 表面分散性的调控。对石墨烯进行酸处理再修饰于 BiVO$_4$ 表面,可有效增加 BiVO$_4$ 表面羟基含量,从而诱导 ZnPc 高度分散,进一步提高其负载量,并促进两者之间的 Z 型电荷分离和转移。结果表明,石墨烯修饰可将具有最佳厚度的 ZnPc 的负载量从 1% 提升至 4%,从而进一步提高材料的光催化 CO$_2$ 还原性能。

6.2 石墨烯修饰的 ZnPc/BiVO$_4$ 新 Z 型异质结的制备及其还原 CO$_2$ 性能

6.2.1 ZnPc/G/BiVO$_4$ Z 型异质结的制备

采用两步羟基诱导组装法制备 ZnPc/G/BVNS。首先将酸处理的石墨烯原位修饰在 BVNS 表面(G-BVNS)以增加其表面羟基含量,随后将其引入 ZnPc 的醇溶液,通过羟基诱导组装制备 ZnPc/G/BVNS。具体而言,将 0.5 g 石墨烯、10 mL HNO$_3$(65% 浓度)和 30 mL H$_2$SO$_4$(98%浓度)放入三颈烧瓶中充分搅拌。待混合均匀后,继续超声处理 30 min,然后在 80 ℃ 条件下搅拌回流 30 min。重复上述过程 6 次。冷却至室温后,将产物离心并用去离子水洗涤直至溶液 pH 达中性。随后,将所得固体在 60 ℃ 真空烘箱中干燥 24 h,即可获得功能化的石墨烯,记为 G。

其次,将一定质量的 G 分散在 60 mL 去离子水中,超声处理 60 min,再将 0.5 g BVNS 加入上述悬浊液,继续搅拌 60 min 后,将此悬浊液转移到 100 mL 以聚四氟乙烯为内衬的高压反应釜中,于 150 ℃ 条件下水热处理 4 h。待反应釜自然冷却至室温后,用去离子水洗涤数次,离心后将获得的产物置于 60 ℃ 烘箱中干燥,最后将产物放置于管式炉中,在 N$_2$ 保护条件下 250 ℃ 煅烧 4 h,即可获得石墨烯功能化的 BiVO$_4$ 纳米片,记为 yG/BVNS(y% = 1%、1.5%;y%代表 G 相对于 BVNS 的质量百分比)。

最后,将 0.5 g G/BVNS 和一定质量的 ZnPc 分散在 50 mL 的无水乙醇中,超声处理 30 min 后搅拌 1 h。然后,将混合液水浴蒸发除溶剂,水浴锅温度为 60 ℃,即可获得 ZnPc/G/BiVO$_4$ 纳米复合材料,记为 ZnPc/yG/BVNS。

6.2.2　G 修饰对 ZnPc/BiVO₄ 新 Z 型异质结的影响

图 6-1 为不同样品的 XRD 谱图。从图中可以看出,制备的 BVNS 为单斜白钨矿相,G 修饰及后续引入 ZnPc 均没有改变 BVNS 的晶体结构和结晶程度,且在 4ZnPc/BVNS 和 4ZnPc/1.5G/BVNS 中均没有检测到归属于 ZnPc 的特征衍射峰。

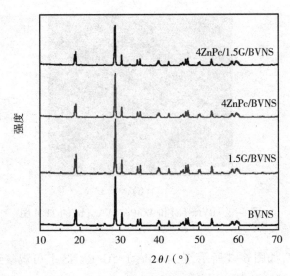

图 6-1　BVNS、1.5G/BVNS、4ZnPc/BVNS 和 4ZnPc/1.5G/BVNS 的 XRD 谱图

利用 TEM 对所制备 BVNS 的微观形貌及 ZnPc 的分散状态进行分析。图 6-2(a)为 BVNS 的 TEM 图,可以看出 BVNS 为 50~100 nm 长、15~30 nm 宽的长条形片状结构。修饰 ZnPc 后,以 4ZnPc/BVNS 为例,由图 6-2(b)所示的 TEM 图可以看出 BVNS 的表面被模糊的暗影覆盖着。这应是负载的 ZnPc 发生了一定程度的自聚集行为。

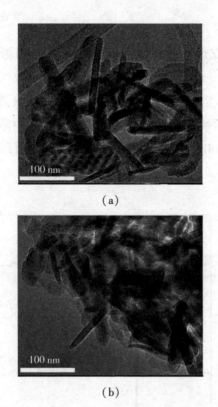

（a）

（b）

图 6-2   BVNS(a)和 4ZnPc/BVNS(b)的 TEM 图

引入 G 后,如图 6-3 所示,在 4ZnPc/1. 5G/BVNS 上可观察到 BVNS 表面覆盖的暗影变得更加均匀且透亮。这意味着引入 G 减弱了 ZnPc 的聚集程度,提高了 ZnPc 在 BVNS 表面的分散性。这一形貌与第 5 章中提到的具有最佳 ZnPc 负载量的样品(1ZnPc/BVNS)的形貌相一致。利用 EDX 元素分析对 4ZnPc/1. 5G/BVNS 进行进一步表征。图 6-4 所示为 4ZnPc/1. 5G/BVNS 的高角环形暗场扫描图及相应元素的 EDX 元素扫描图。从图中可以看到,Bi、V、O、C、N 和 Zn 均匀分布在复合材料中,这证明 BVNS、G 和 ZnPc 形成了均一杂化的结构。

图 6-3　4ZnPc/1.5G/BVNS 的 TEM 图

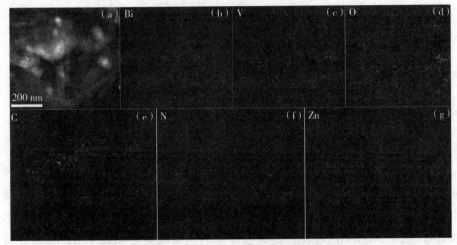

图 6-4　4ZnPc/1.5G/BVNS 的高角环形暗场扫描图(a)

及相应元素 Bi(b)、V(c)、O(d)、C(e)、N(f)和 Zn(g)的 EDX 扫描图

通过 DRS 光谱对样品的光学吸收性质和 ZnPc 的聚集程度进行分析。图 6-5 所示为 BVNS、1.5G/BVNS、4ZnPc/BVNS 和 4ZnPc/1.5G/BVNS 的 DRS 图。从图中可以看出,ZnPc 和 G 修饰对 BVNS 的主体吸收带边几乎没有产生影响,这表明 BVNS 的带隙没有因引入为 ZnPc 和 G 发生改变。然而,4ZnPc/BVNS 在 550~750 nm 波长范围内表现出明显的吸收带,这是 ZnPc 典型的 Q 带吸收。其中,位于 670 nm 波长附近的吸收带对应着 ZnPc 的 J 型堆积模式。值得注意的是,与 4ZnPc/BVNS 相比,4ZnPc/1.5G/BVNS 的 Q 带吸收明显宽化,并伴随着约 4 nm 的蓝移。这意味着产生了更松散、更薄的 J 型堆积模式。

这一结果表明引入 G 进一步拓宽了 ZnPc 的 Q 带吸收,并且可以诱导 ZnPc 高度分散,从而进一步增强体系的光吸收。

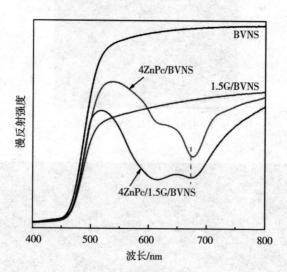

图 6-5 BVNS、1.5G/BVNS、4ZnPc/BVNS 和 4ZnPc/1.5G/BVNS 的 DRS 谱图

为了明确 4ZnPc/1.5G/BVNS 的界面作用关系,首先通过 FT-IR 光谱对样品进行表征。图 6-6 所示为不同样品的 FT-IR 光谱。从图中可以看出,BVNS 上检测到的位于 1 600 cm⁻¹ 处的振动峰归属于 BVNS 表面羟基的拉伸振动。G 修饰后,在 1.5G/BVNS 检测到的表面羟基的振动峰强度相较于 BVNS 明显增强,说明引入 G 能够有效增加样品的表面羟基含量。值得注意的是,进一步组装 ZnPc 后,在 4ZnPc/1.5G/BVNS 中检测到的羟基峰强度又有所减弱,这意味着 ZnPc 与 1.5G/BVNS 的表面羟基发生了相互作用。

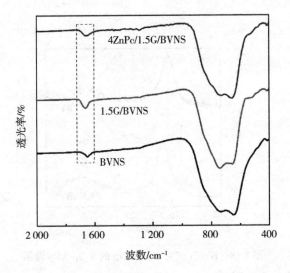

图 6-6 BVNS、1.5G/BVNS 和 4ZnPc/1.5G/BVNS 的 FT-IR 光谱

　　随后利用 XPS 能谱对测试样品中元素的化学环境进行分析。图 6-7 为 BVNS 和 1.5G/BVNS 的 Bi 4f 的 XPS 谱图。从图中可以看出,与 BVNS 相比, 1.5G/BVNS 的 Bi 4f 的结合能没有发生明显变化。图 6-8 为 BVNS 和 1.5G/BVNS 的 V 2p 的 XPS 谱图。从中可以看出 1.5G/BVNS 的 V 2p 的 XPS 特征峰向高结合能方向移动,说明 V 周围的电子云密度变大。这可能与 G 修饰有关。

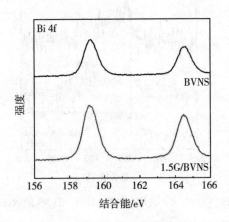

图 6-7 BVNS 和 1.5G/BVNS 的 Bi 4f XPS 谱图

115

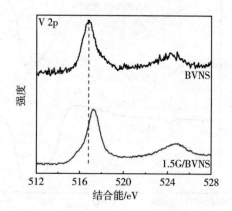

图 6-8　BVNS 和 1.5G/BVNS 的 V 2p XPS 谱图

　　图 6-9 为不同样品的 N 1s XPS 谱图。由图可知,4ZnPc/1.5G/BVNS 的 N 1s 的 XPS 特征峰相较于 ZnPc 的 N 1s 的 XPS 特征峰,向高结合能的方向发生偏移,说明 ZnPc 配体的 N 与 1.5G/BVNS 存在相互作用。如图 6-10 所示,与纯相 ZnPc 相比,4ZnPc/1.5G/BVNS 中 Zn 2p 的结合能并未发生明显变化。结合 FT-IR 光谱的结果,可以推测 ZnPc 配体的 N 原子与修饰在 BVNS 上 G 的羟基发生了相互作用。

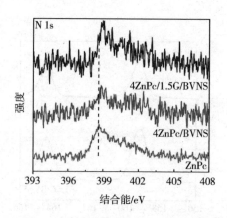

图 6-9　ZnPc、4ZnPc/BVNS 和 4ZnPc/1.5G/BVNS 的 N 1s XPS 谱图

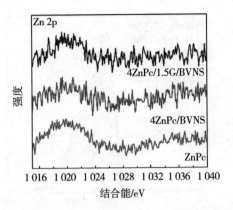

图 6-10　ZnPc、4ZnPc/BVNS 和 4ZnPc/1.5G/BVNS 的 Zn 2p 的 XPS 谱图

6.2.2　石墨烯修饰对 ZnPc/BiVO₄ 新 Z 型纳米复合材料光生电荷分离的影响

利用羟基自由基测试探究样品的电荷分离性质。在第 5 章中提到，1ZnPc/BVNS 具有最佳的电荷分离性能。然而当尝试进一步提高 ZnPc 的负载量至 1.5% 时，因 ZnPc 的自聚集行为，ZnPc/BVNS 的电荷分离性能有所下降。如图 6-11 所示，在引入一定量（1%）G 后，ZnPc 在 G/BVNS 复合样品上的负载量显著增加，从而产生更多的羟基自由基。当进一步优化 G 的修饰量（1.5%）时，如图 6-12 所示，ZnPc 的最佳负载比例从原来的 1% 提高至 4%。

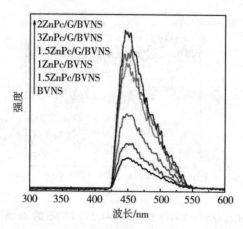

图 6-11　BVNS、xZnPc/BVNS、1%G 调控的 xZnPc/BVNS 的羟基自由基谱图

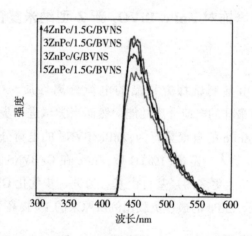

图 6-12　3ZnPc/G/BVNS 和 1.5%G 调控的 xZnPc/BVNS 的羟基自由基谱图

　　此外,如图 6-13 所示,通过对比发现,1.5G/BVNS 的羟基自由基信号强于 BVNS;进一步负载 ZnPc 后,4ZnPc/1.5G/BVNS 的信号不仅高于未负载 ZnPc 的 1.5G/BVNS,还高于未引入 G 的 4ZnPc/BVNS。以上结果表明,调控修饰在 BVNS 表面的 G 和负载的 ZnPc 之间的比例,可显著促进 ZnPc 与 BVNS 之间的电荷分离和转移性能。

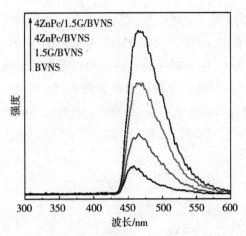

图 6-13　BVNS、1.5G/BVNS、4ZnPc/BVNS 和 4ZnPc/1.5G/BVNS 羟基自由基谱图

　　图 6-14 为不同样品在可见光照射条件下的电化学阻抗图谱。从图中可以看出，被 G 修饰的 1.5G/BVNS 相较于未被 G 修饰的 BVNS 的曲线弧半径更小，说明引入 G 能够降低电荷传输电阻。这与 G 具有良好的导电性有关。进一步负载 ZnPc，4ZnPc/1.5G/BVNS 的阻抗值低于 4ZnPc/BVNS 的阻抗值，具有样品中最低的阻抗值。这说明 G 的引入能够有效促进 BVNS 和 ZnPc 的界面电荷转移和传输。

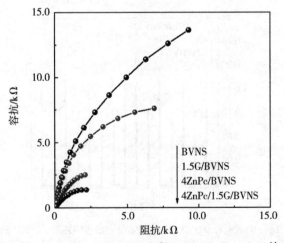

图 6-14　BVNS、1.5G/BVNS、4ZnPc/BVNS 和 4ZnPc/1.5G/BVNS 的电化学阻抗图

　　光电化学测试也支持了上述结果。图 6-15 所示为不同样品的线性扫描伏安曲线。从图中可以看出,BVNS、1.5G/BVNS、4ZnPc/BVNS 和 4ZnPc/1.5G/BVNS 的光电流密度依次增大,即各样品的电荷分离性能依次增强。同时,光电流密度随时间变化的电流–时间曲线测试结果如图 6-16 所示。由图可知,4ZnPc/1.5G/BVNS 具有最大的光电流密度;在 960 s 的测试时间内,其光电流密度没有明显衰减。这说明它具有较好的稳定性。

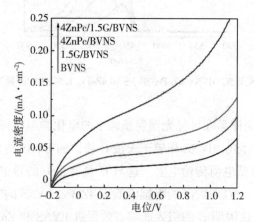

图 6-15　BVNS、1.5G/BVNS、4ZnPc/BVNS 和 4ZnPc/1.5G/BVNS
在可见光照射条件下的线性扫描伏安曲线

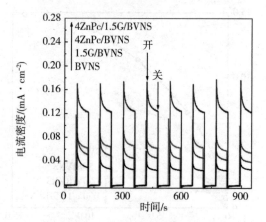

图 6-16　BVNS、1.5G/BVNS、4ZnPc/BVNS 和 4ZnPc/1.5G/BVNS
在可见光照射条件下的电流–时间曲线

6.2.3　ZnPc/G/BiVO$_4$ Z 型异质结的光催化 CO$_2$ 还原性能

在可见光条件下对样品的光催化 CO$_2$ 还原性能进行测试。如图 6-17 和图 6-18 所示,调控修饰在 BVNS 表面的 G 和负载的 ZnPc 之间的比例,可显著增加 ZnPc 在 G/BVNS 上的负载量并提高样品的光催化 CO$_2$ 还原性能。其中,4ZnPc/1.5G/BVNS 的光催化性能最佳。这与羟基自由基测试的结果一致。

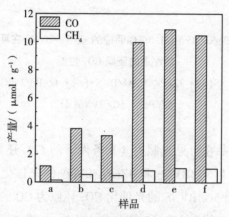

图 6-17　BVNS、xZnPc/BVNS、1%G 调控的 xZnPc/BVNS 在可见光照射 4 h
条件下的还原 CO$_2$ 性能

BVNS(a);1ZnPc/BVNS(b);1.5ZnPc/BVNS(c);1.5ZnPc/G/BVNS(d);
2ZnPc/G/BVNS(e);3ZnPc/G/BVNS(f)

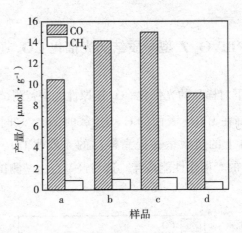

图 6-18　3ZnPc/G/BVNS、1.5%G 调控的 xZnPc/BVNS 在可见光照射 4 h
条件下的还原 CO$_2$ 性能

3ZnPc/G/BVNS(a)；3ZnPc/1.5G/BVNS(b)；4ZnPc/1.5G/BVNS(c)；

5ZnPc/1.5G/BVNS(d)

　　图 6-19 为各样品在可见光照射 4 h 条件下的 CO$_2$ 还原性能测试结果图。通过对比可以发现，1.5G/BVNS 和 4ZnPc/BVNS 的光催化 CO$_2$ 还原性能仅略高于 BVNS；4ZnPc/1.5G/BVNS 的光催化 CO$_2$ 还原为 CO 的活性分别为 4ZnPc/BVNS 和 BVNS 的 7.5 倍左右和 15 倍左右。此外，与第 5 章中报道的无 G 调控时的最佳复合样品 1ZnPc/BVNS 相比，4ZnPc/1.5G/BVNS 的光催化活性有了较明显的提升，CO$_2$ 转化为 CO 的产率约为 1ZnPc/BVNS 的 3 倍。值得注意的是，在体系中还检测到了一定量的 O$_2$。这通常被认为是有水参与的 CO$_2$ 还原反应中的氧化产物。此外，无论是在暗态条件下还是在 N$_2$ 饱和条件下进行光催化 CO$_2$ 还原性能测试，均没有检测到任何产物，说明观察到的产物源自光驱动的 CO$_2$ 还原，而不是 ZnPc 的分解或合成过程中残留的有机物的分解。

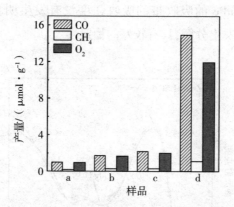

图 6-19　BVNS、1.5G/BVNS、4ZnPc/BVNS 和 4ZnPc/1.5G/BVNS
在可见光照射 4 h 条件下的 CO$_2$ 还原性能测试结果图
BVNS(a)；1.5G/BVNS(b)；4ZnPc/BVNS(c)；4ZnPc/1.5G/BVNS(d)

图 6-20 为 4ZnPc/1.5G/BVNS 的光催化 CO$_2$ 还原稳定性测试结果。从图中可以看出,在 4 次循环测试后(每次循环测试时长为 4 h),样品的光催化活性没有发生明显的衰减,说明样品具有较好的稳定性。为进一步证明样品的稳定性,对 CO$_2$ 还原反应后的光催化剂活性进行了表征。

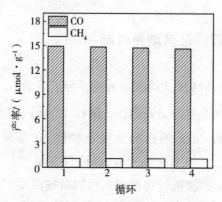

图 6-20　4ZnPc/1.5G/BVNS 的光催化 CO$_2$ 还原稳定性测试结果图

图 6-21 所示为 4ZnPc/1.5G/BVNS 在反应前后的 DRS 谱图。从图中可以清晰地看出,4ZnPc/1.5G/BVNS 的光学吸收性质在反应前后基本没有发生变

化,特别是归属于 ZnPc 的吸收带的吸收强度没有发生明显的衰减。这说明
ZnPc 在反应中没有发生分解,具有较好的稳定性。

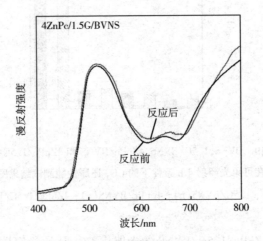

图 6-21   4ZnPc/1. 5G/BVNS 在反应前后的 DRS 谱图

6.3   ZnPc/G/BiVO₄ Z 型异质结的活性提高机制

6.3.1   Z 型电荷转移及其增强机制

利用 SPS 揭示电荷转移及其增强机制。为了消除 O_2 捕获电子的影响,全
程实验均在 N_2 饱和的条件下进行测试。图 6-22 为不同样品在 N_2 饱和条件下
的 SPS 谱图。考虑到 ZnPc 的选择性吸收特性,在实验过程中额外采用了
660 nm 的单色激发光束作为辅助光源,以确保在单波长的 SPS 探测模式下,
ZnPc 在 300～600 nm 的波长扫描范围内可同时被激发。从图 6-22 中可以看
出,在 N_2 条件下,BVNS 没有明显的 SPS 响应信号,而 G 修饰后,1. 5G/BVNS 的
SPS 响应信号明显增强,说明 G 修饰促进了 BVNS 的光生电荷分离。这是
BVNS 的光生电子被修饰的 G 捕获的结果。此外,观察到 4ZnPc/BVNS 的 SPS
响应信号强于 1. 5G/BVNS 的,4ZnPc/1. 5G/BVNS 的 SPS 响应信号最强。同

时,在 520 nm 的单色激发光束的辅助照射下,如图 6-23 所示,4ZnPc/BVNS 在 600 nm 到 800 nm 的波长探测范围内,也检测到了明显的 SPS 响应信号。这一结果表明,只有当 ZnPc 和 BVNS 同时被激发时,才能够检测到明显的 SPS 响应信号,这进一步证实了两者之间遵循 Z 型电荷转移模式。

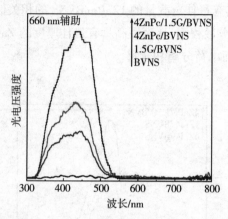

图 6-22　BVNS、1.5G/BVNS、4ZnPc/BVNS 和 4ZnPc/1.5G/BVNS
在 660 nm 单色光辅助激发条件下的 SPS 谱图

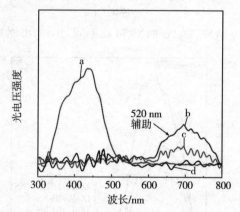

图 6-23　不同样品在 520 nm 单色光辅助激发条件下的 SPS 谱图
4ZnPc/1.5G/BVNS(a);4ZnPc/BVNS(b);1.5G/BVNS(c);BVNS(d)

利用 EPR 与 SPS 对比分析 4ZnPc/1.5G/BVNS 和第 5 章中提到的最佳样品 1ZnPc/BVNS 的电荷分离性能。图 6-24 为 4ZnPc/1.5G/BVNS、4ZnPc/BVNS 和 1ZnPc/BVNS 的羟基自由基谱图。图 6-25 为这些样品的 SPS 谱图(660 nm 单色激发光束辅助照射)。由此二图可以看出,4ZnPc/1.5G/BVNS 的羟基自由基信号和 SPS 响应信号不仅高于 4ZnPc/BVNS 的相关信号,甚至高于第 5 章中具有最佳负载量的 1ZnPc/BVNS 的相关信号。这说明引入 G 可有效提高 ZnPc 的分散程度,从而提高具有最佳厚度的 ZnPc 的负载量以促进 BVNS 和 ZnPc 的界面电荷分离和转移。

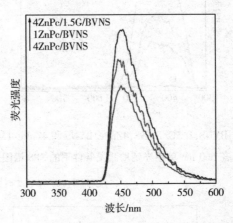

图 6-24　4ZnPc/BVNS、1ZnPc/BVNS 和 4ZnPc/1.5G/BVNS 的羟基自由基谱图

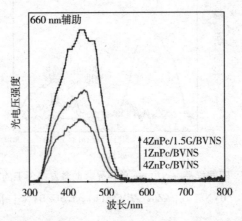

图 6-25　4ZnPc/BVNS、1ZnPc/BVNS 和 4ZnPc/1.5G/BVNS 的 SPS 谱图

图 6-26 所示为不同样品在不同波长条件下的归一化羟基自由基谱图。从中可以看出,4ZnPc/1.5G/BVNS 在 520 nm 和 660 nm 两束单色光的共同照射下所产生的羟基自由基信号明显高于两束单色光分别照射条件下的信号之和。这进一步说明 BVNS 和 ZnPc 之间遵循 Z 型电荷转移机制。此外,4ZnPc/1.5G/BVNS 的羟基自由基信号明显高于 4ZnPc/BVNS 的羟基自由基信号,表明 G 修饰能够显著促进 BVNS 和 ZnPc 的界面电荷分离和转移。

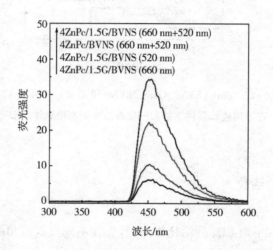

图 6-26　4ZnPc/BVNS 和 4ZnPc/1.5G/BVNS 在不同波长条件下的归一化羟基自由基谱图

图 6-27 为不同样品的归一化单波长光电化学作用谱。由图可知,BVNS 的光电流密度随着激发波长由 550 nm 到 400 nm 变化而逐渐增大;ZnPc 的光电流密度则随着激发波长由 700 nm 到 600 nm 变化而逐渐增大,这与它的特征性吸光波长范围是相对应的;4ZnPc/BVNS 与 4ZnPc/1.5G/BVNS 的光电流密度在相应的激发波长范围内遵循与 BVNS 和 ZnPc 相同的规律。

值得注意的是,当 BVNS 被激发时,用 660 nm 的单色光辅助激发 ZnPc,4ZnPc/BVNS 与 4ZnPc/1.5G/BVNS 的光电流密度均迅速增大,且数值远大于相应的单独 BVNS 和 ZnPc 光电流密度之和。这进一步证明了 ZnPc 和 BVNS 之间遵循 Z 型电荷转移机制。这与第 5 章的结果是一致的。对比 4ZnPc/1.5G/BVNS 与 4ZnPc/BVNS 的光电流密度,可发现前者数值比后者高,说明 G 可以进一步促进 ZnPc 和 BVNS 之间的电荷转移。

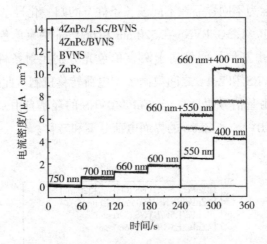

图 6-27　ZnPc、BVNS、4ZnPc/BVNS 和 4ZnPc/1.5G/BVNS
在不同波长条件下的归一化单波长光电化学作用谱

6.3.2　CO$_2$ 的活化

为了揭示 ZnPc 对 CO$_2$ 的活化作用,首先在不同气氛饱和的电解液中进行电化学还原测试。图 6-28 为不同样品在 N$_2$ 饱和条件下的电化学还原曲线。由图可知,1.5G/BVNS 与 BVNS 的起始电位非常接近,而 4ZnPc/BVNS 起始电位更低,说明修饰 ZnPc 有利于水还原,表现出一定的催化性能。引入 G 后,4ZnPc/1.5G/BVNS 的起始电位进一步降低。对比如图 6-29 所示的在 CO$_2$ 饱和条件下的电化学还原曲线可知,4ZnPc/BVNS 在 CO$_2$ 饱和下的起始电位相较于其在 N$_2$ 饱和条件下的更低,说明引入 ZnPc 更有利于 CO$_2$ 的活化。4ZnPc/1.5G/BVNS 具有最低的起始电位的可能原因是 G 诱导 ZnPc 高度分散并有效增加了其负载量。

一般来说,CO$_2$ 的活化程度与 CO$_2$ 在催化剂表面的吸附情况呈正相关。因此,通过 CO$_2$-TPD 测试对 CO$_2$ 在不同样品上的吸附性能进行分析。图 6-30 所示为 BVNS、1.5G/BVNS、4ZnPc/BVNS 和 4ZnPc/1.5G/BVNS 的 CO$_2$-TPD 曲线。为了避免 ZnPc 在过高的温度下发生分解,将程序升温的最高温度设置为 400 ℃。从图中可以看出,BVNS 对 CO$_2$ 的吸附能力较弱;G 修饰后,

1.5G/BVNS 对 CO_2 的吸附能力相较 BVNS 的吸附能力更高。进一步负载 ZnPc 后,4ZnPc/BVNS 与 4ZnPc/1.5G/BVNS 对 CO_2 的吸附能力明显优于 BVNS 和 1.5G/BVNS 的吸附能力。在整个测试温度范围内,4ZnPc/1.5G/BVNS 表现出最大的 CO_2 吸附量,证明其具有最强的 CO_2 吸附能力。这也进一步表明 4ZnPc/1.5G/BVNS 中 ZnPc 的中心配位金属离子 Zn^{2+} 能够为 CO_2 还原提供很好的催化性能。

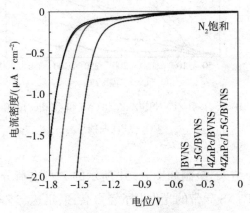

图 6-28　BVNS、1.5G/BVNS、4ZnPc/BVNS 和 4ZnPc/1.5G/BVNS

在 N_2 饱和条件下的电化学还原曲线

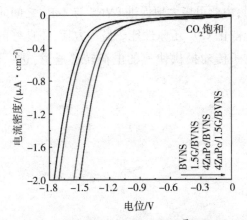

图 6-29　BVNS、1.5G/BVNS、4ZnPc/BVNS 和 4ZnPc/1.5G/BVNS

在 CO_2 饱和条件下的电化学还原曲线

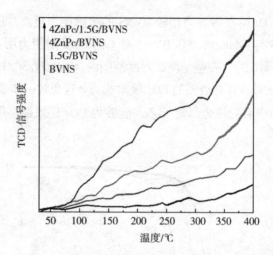

图 6-30　BVNS、1.5G/BVNS、4ZnPc/BVNS 和 4ZnPc/1.5G/BVNS 的

CO₂-TPD 曲线

　　基于上述实验结果,绘制如图 6-31 所示的 Z 型电荷分离和转移机制图。在可见光激发下,BVNS 导带的光生电子经 G 传递,迅速与 ZnPc 的 HOMO 能级的光生空穴复合,在 BVNS 保留的光生空穴与水反应产生 O_2,而在 ZnPc 保留的光生电子则从配体转移到中心配位金属离子 Zn^{2+},从而引发 CO_2 还原反应。引入 G 能够有效诱导高分散的 ZnPc 在 BVNS 上可控组装,从而增加具有最佳厚度的 ZnPc 的负载量,由此可极大地促进 BVNS 与 ZnPc 之间的 Z 型电荷分离和转移,进而提高其光催化 CO_2 还原性能。另一方面,G 良好的导电性也可为 Z 型异质结界面的电子传输提供快速的电荷转移通道,进一步促进 Z 型电荷转移。

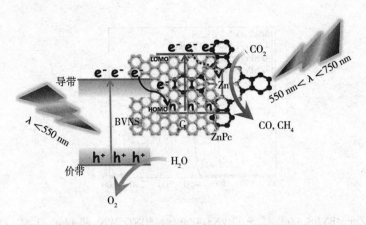

图 6-31　ZnPc/G/BVNS 的 Z 型电荷分离和转移机制图

6.4　拓展应用

6.3 的实验结果表明,G 修饰能够有效提高 ZnPc 的分散性。为了探究其他碳材料是否也有类似的调控作用,将 G 替换成碳纳米管(CNT)和富勒烯(C_{60})分别制备 4ZnPc/1.5CNT/BVNS 和 4ZnPc/1.5C_{60}/BVNS 并分别探究引入 CNT 和 C_{60} 对 ZnPc/BVNS 的影响。由图 6-32 和图 6-33 可知,相较于 4ZnPc/BVNS,4ZnPc/1.5CNT/BVNS 和 4ZnPc/1.5C_{60}/BVNS 的羟基自由基信号更高而界面电荷传输电阻更低。这说明引入 CNT 或 C_{60} 均可促进 ZnPc 和 BVNS 之间的电荷转移。

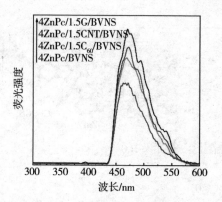

图 6-32   4ZnPc/BVNS、4ZnPc/1.5G/BVNS、4ZnPc/1.5CNT/BVNS 和 4ZnPc/1.5C$_{60}$/BVNS 的
羟基自由基谱图

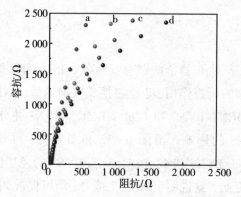

图 6-33   4ZnPc/BVNS(a)、4ZnPc/1.5C$_{60}$/BVNS(b)、4ZnPc/1.5CNT/BVNS(c)
和 4ZnPc/1.5G/BVNS(d)的电化学阻抗谱

图 6-34 是不同样品的 SPS 谱图。从中可以看出,在 660 nm 的单色光辅助激发条件下,碳材料修饰的样品的 SPS 响应信号均高于 4ZnPc/BVNS 的 SPS 响应信号,其中 4ZnPc/1.5G/BVNS 表现出最强的 SPS 响应信号,表明其电荷分离性能最佳。

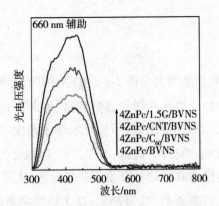

图 6-34　4ZnPc/BVNS、4ZnPc/1.5G/BVNS、4ZnPc/1.5CNT/BVNS
和 4ZnPc/1.5C$_{60}$/BVNS 的 SPS 谱图

图 6-35 所示为不同样品的光催化 CO$_2$ 还原性能测试结果图。从图中可以看出,4ZnPc/1.5G/BVNS 的光催化 CO$_2$ 还原性能明显高于 4ZnPc/1.5CNT/BVNS 和 4ZnPc/1.5C$_{60}$/BVNS 的光催化 CO$_2$ 还原性能。这可能是因为 G 的二维结构更利于诱导二维平面结构的 ZnPc 组装形成维度匹配且具有紧密接触的界面,从而更有力地促进界面电荷转移,进一步提高光催化活性。

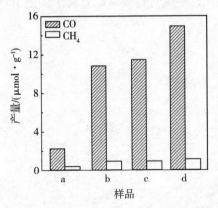

图 6-35　不同样品的光催化 CO$_2$ 还原性能测试结果图
4ZnPc/BVNS(a);4ZnPc/1.5G/BVNS(b);4ZnPc/1.5CNT/BVNS(c);
4ZnPc/1.5C$_{60}$/BVNS(d)

6.5 本章小结

本章制备了 G 诱导组装的高分散 ZnPc/BVNS 用于光催化 CO$_2$ 还原。引入 G 能够有效提高 ZnPc 的分散性并增加其负载量,显著促进界面电荷分离和转移,从而提高其光催化 CO$_2$ 还原性能。同时,本章还阐明了电荷分离和转移机制及光催化 CO$_2$ 还原性能的提高机制。具体而言,可以分为以下四点。

(1)在 BVNS 表面修饰 G 以增加其表面羟基含量,从而诱导 ZnPc 高度分散并与 BiVO$_4$ 可控组装,制备 ZnPc/G/BVNS。在无牺牲剂条件下,最优修饰比例的 ZnPc/G/BVNS 在可见光照射 4h 条件下催化 CO$_2$ 还原为 CO 的产率为 15.01 μmol·g^{-1}。

(2)光催化活性提高的关键在于:G 能够诱导 ZnPc 在 BVNS 上高度分散,进而提高 ZnPc 的负载量(从 1% 提升至 4%),显著增强体系的可见光吸收,进一步促进 BVNS 和 ZnPc 之间的 Z 型电荷转移。

(3)高度分散的 ZnPc 有望暴露出更多的催化活性中心,充分利用这些催化活性中心可以提高材料对 CO$_2$ 的吸附性能和活化性能,协同提高光催化 CO$_2$ 还原性能。

(4)除 G 外,CNT、C$_{60}$ 等碳材料修饰也有利于促进 BVNS 和 ZnPc 之间的 Z 型电荷转移。

第 7 章　Au 调控的 CuPc/BiVO₄ Z 型异质结的制备及其还原 CO₂ 性能

7.1　引言

在第 4 章、第 5 章和第 6 章中,针对传统 $BiVO_4$ 基 Z 型异质结的电荷分离效率不高、传统 Z 型异质结光催化剂的可见光吸收范围有限和表面催化活性位点缺乏的问题,通过引入能量平台调控构建了一系列 $MPc/BiVO_4$ 新 Z 型异质结光催化体系。得益于 MPc 在可见光区与 $BiVO_4$ 相互独立的吸光范围与其中心配位金属离子对 CO_2 还原反应的催化功能,$BiVO_4$ 的光催化 CO_2 还原性能得到了显著提高。值得注意的是,CO_2 的吸附性能和活化性能是影响光催化 CO_2 还原性能的重要因素。精准选择能够活化 CO_2 的 MPc,并与 $BiVO_4$ 可控组装,诱导其在 $BiVO_4$ 表面高度分散,有望暴露出更多的催化活性位点,从而进一步提高光催化 CO_2 还原性能。有理论计算和实验结果表明,Cu 物种可以通过降低反应活化能、降低 CO_2 的光还原或电化学还原的过电位来有效加速表面反应动力学过程。在众多 MPc 中,CuPc 中 Cu—N₄ 的配位环境被证实是极具催化潜力的 CO_2 活化中心。因此,调控高度分散的 CuPc 与 $BiVO_4$ 可控组装成为提高材料的光催化 CO_2 还原性能的关键。

第 5 章和第 6 章所述的策略主要基于羟基诱导组装法,通过增加 $BiVO_4$ 的表面羟基含量来实现 MPc 与 $BiVO_4$ 可控组装。表面羟基化的过程使 $BiVO_4$ 与 MPc 形成以氢键连接的界面,在一定程度上抑制了 MPc 的聚集。然而,氢键连接的界面缺乏诱导 $BiVO_4$ 的光生电子向界面转移的驱动力。这对于促进所构建的 MPc/ $BiVO_4$ Z 型异质结的界面电荷转移与分离至关重要。Au 纳米粒子是一种良导体,能够有效降低 Z 型异质结中两组分之间形成的接触电阻。此外具有低费米能级的 Au 可以很容易地捕获 BiVO$_4$ 导带的光生电子,诱导电子向界面转移,为电子进一步向 MPc 的定向迁移提供驱动力。有研究表明,Au 和含氮基团之间的强相互作用有利于形成稳定的、紧密连接的异质结界面。因此,利用 Au 和 CuPc 配体的 N 原子之间的相互作用有望实现高分散的 CuPc 与 BiVO$_4$ 可控组装,暴露出更多的催化活性位点,进一步增加 CuPc 的负载量,协同促进 CuPc 与 BiVO$_4$ 的界面电荷转移,提高光催化活性。

本章通过在 BiVO$_4$ 表面预修饰超小 Au(直径约 5 nm)来诱导 CuPc 与 BiVO$_4$ 可控组装,制备 CuPc/Au–BiVO$_4$ 纳米复合材料用于光催化 CO$_2$ 还原。重点揭示 Au 引入对 CuPc/BiVO$_4$ 纳米复合材料的影响,并对其电荷分离和转移机制及光催化 CO$_2$ 还原性能提高机制进行分析。

7.2 CuPc/BiVO$_4$ Z 型异质结的制备及其还原 CO$_2$ 性能

7.2.1 CuPc/BiVO$_4$ Z 型异质结的制备

采用羟基诱导组装法构建 CuPc/BiVO$_4$ Z 型异质结。首先,将一定质量的 CuPc 分散于 20 mL 无水乙醇中,超声处理 30 min 并持续搅拌 1 h 直至形成均一溶液。同时,按照 4.3.1 中描述的方法制备 BiVO$_4$ 纳米片(BVNS)。其次,将制备好的 BVNS 加入 CuPc 的乙醇分散液中,超声处理 30 min 并搅拌 1 h。最后,将混合液水浴蒸发除溶剂,水浴锅温度为 60 ℃,即可获得 CuPc/BiVO$_4$ Z 型异质结,记为 xCuPc/BVNS(x% = 0.5%、1%、1.5%;x% 代表 CuPc 相对于 BVNS 的质量百分比)。

7.2.2 CuPc 修饰对 BVNS 结构的影响

首先利用 XRD 对 BVNS 和 xCuPc/BVNS 进行结构表征。图 7–1 所示为不同样品的 XRD 谱图。从图中可以看出,所制备的 BVNS 的晶型为单斜白钨矿型,CuPc 修饰没有改变其晶体结构和结晶程度。在 xCuPc/BVNS 中没有检测到归属于 CuPc 的特征衍射峰,这可能与 CuPc 的负载量较少有关。

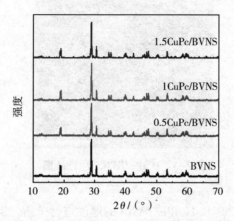

图 7-1 BVNS 和 *x*CuPc/BVNS 的 XRD 谱图

利用 TEM 对 BVNS 和 CuPc/BVNS 的微观形貌进行表征。如图 7-2 所示,制备的 BVNS 为长条形片状结构,长 100～300 nm,宽 20～60 nm。至于 CuPc 负载的样品 1CuPc/BVNS,其 TEM 图如图 7-3 所示。从中可以明显看出,引入 CuPc 对 BVNS 的微观形貌没有产生影响但长条形片状结构的 BVNS 表面被模糊的暗影所覆盖。这些暗影应该是引入的 CuPc。

图 7-2 BVNS 的 TEM 图

图 7-3　1CuPc/BVNS 的 TEM 图

通过 AFM 对 BVNS 及 1CuPc/BVNS 的厚度进行分析。图 7-4(a)和(b)所示为 BVNS 的 AFM 图及相应的高度图。从图中可以看出,BVNS 的平均厚度约 5.0 nm。对比于 BVNS,如图 7-5(a)和(b)所示,1CuPc/BVNS 的厚度增加了约 1.1 nm。

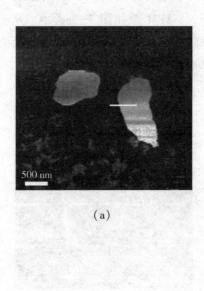

(a)

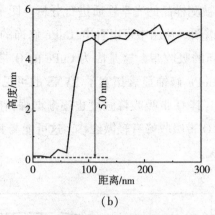

(b)

图 7-4　BVNS 的 AFM 图(a)及相应的高度图(b)

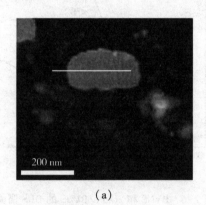

(a)

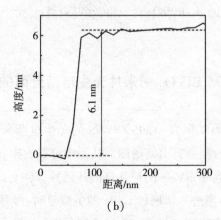

(b)

图 7-5　1CuPc/BVNS 的 AFM 图(a)及相应的高度图(b)

利用 DRS 光谱对被测样品的光学性质进行分析。图 7-6 所示为 BVNS 和 xCuPc/BVNS 的 DRS 谱图。从图中可以看出,CuPc 修饰的样品在 550~750 nm 波长范围内均出现了新的吸收带。这是因为 CuPc 的 Q 带电子从 HOMO 能级向 LUMO 能级跃迁。CuPc 修饰显著拓宽了 BVNS 的可见光吸收范围。此外,随着 CuPc 修饰量增加,其 Q 带吸收峰强度也逐渐增强;在制备的 CuPc/BVNS 中,1.5CuPc/BVNS 的 Q 带吸收峰有轻微红移。这可能与其修饰的 CuPc 过多,发生了自聚集行为有关。

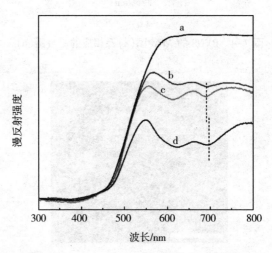

图 7-6　BVNS 和 xCuPc/BVNS 的 DRS 谱图

BVNS(a); 0.5CuPc/BVNS(b); 1CuPc/BVNS(c);1.5CuPc/BVNS(d)

7.2.3　CuPc 修饰对 BiVO$_4$ 纳米片光生电荷分离的影响

利用羟基自由基测试探究 xCuPc/BVNS 的光生电荷分离和转移性能。图 7-7 所示为不同样品的羟基自由基谱图。从图中可以看出,CuPc 修饰的样品的羟基自由基信号明显高于 BVNS 的羟基自由基信号,其中,1CuPc/BVNS 具有最强的羟基自由基信号;当进一步增加 CuPc 的负载量时,羟基自由基信号强度有所下降。这说明适量引入 CuPc 可促进 BVNS 的光生电荷分离。

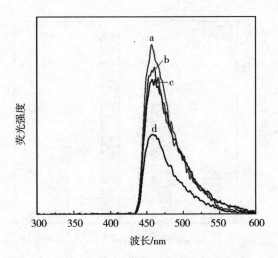

图 7-7　BVNS 和 xCuPc/BVNS 的羟基自由基图

1CuPc/BVNS(a)；0.5CuPc/BVNS(b)；1.5Cu/Pc/BVNS(c)；BVNS(d)

7.2.4　CuPc/BiVO₄ 纳米复合材料的光催化 CO₂ 还原性能

在可见光条件下进行光催化 CO₂ 还原性能测试。由图 7-8 可知，CuPc 修饰可显著提高 BVNS 的光催化 CO₂ 还原性能，其中最佳样品 1CuPc/BVNS 的光催化 CO₂ 还原转化为 CO 的产量约为纯相 BVNS 的 5 倍。当进一步增加 CuPc 的负载量至 1.5% 时，1.5CuPc/BVNS 的光催化性能发生明显的衰减。这说明修饰的 CuPc 量过多不利于光催化性能提高，与 7.2.3 中提到的羟基自由基测试的结果一致。

141

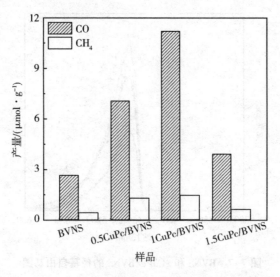

图 7-8　BVNS 和 xCuPc/BVNS 在可见光照射 4 h 条件下的光催化还原 CO$_2$ 性能测试结果图

7.3　Au 纳米粒子修饰的 CuPc/BiVO$_4$ Z 型异质结的制备及其还原 CO$_2$ 性能

7.3.1　CuPc/Au-BiVO$_4$ Z 型异质结的制备

7.2 的实验结果表明,增加 CuPc 的负载量,会令其发生自聚集现象,这会导致样品的光催化性能很难得到提升。因此,采用化学还原的方法,以 NaBH$_4$ 为还原剂,在 BVNS 表面沉积 Au,然后将 Au 修饰的 BVNS(Au-BVNS)引入 CuPc 的乙醇分散液,诱导 CuPc 与 Au-BVNS 组装制备 CuPc/Au-BVNS。具体而言,首先,按照 5.3.1 中描述的方法制备 BVNS,并将其分散在 20 mL 柠檬酸溶液中,超声处理 30 min。其次,将一定体积的 HAuCl$_4$·3H$_2$O 溶液滴入上述混合液,继续搅拌 1 h,使 Au 的前驱体吸附在 BVNS 的表面。再次,将 0.5 mL 浓度为 0.01 mol·L^{-1} 的 NaBH$_4$ 溶液滴加到上述混合液中,继续搅拌 30 min。最后,通过抽滤收集产物,用二次水洗涤数次后,置于烘箱中,在 60 ℃下干燥,即可获得 Au 沉积的 BVNS,记为 Au-BVNS。

随后,将一定质量的 CuPc 分散在 30 mL 无水乙醇中,超声处理 30 min。再将 0.2 g Au-BVNS 加入上述 CuPc 的乙醇分散液中,搅拌 1 h 后,将混合液置于 60 ℃ 水浴锅中水浴蒸发除溶剂,即可获得 CuPc/Au-BiVO₄ 纳米复合材料,记为 xCuPc/Au-BVNS（$1.5\% \leqslant x\% \leqslant 3.0\%$；$x\%$ 代表 CuPc 相对于 BVNS 的质量百分比）。

7.3.2　Au 纳米粒子修饰对 CuPc/BiVO₄ Z 型异质结的影响

图 7-9 所示为不同样品的 XRD 谱图。从图中可以看出,在 1Au-BVNS 和 3CuPc/1Au-BVNS 中均未检测到归属于 Au 的特征衍射峰。这可能与沉积的 Au 尺寸较小、分散程度较高有关。

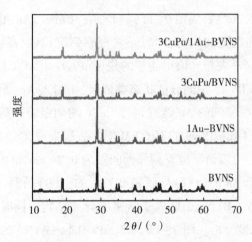

图 7-9　BVNS、1Au-BVNS、3CuPc/BVNS 和 3CuPc/1Au-BVNS 的 XRD 谱图

利用 TEM 对 CuPc/BVNS 及 Au 调控的 CuPc/BVNS 的微观形貌及 CuPc 的分散状态进行分析。图 7-10 为 3CuPc/BVNS 的 TEM 图。从图中可以看出, BVNS 表面被一层很重的暗影覆盖。这层阴影应是负载的 CuPc。因为负载的 CuPc 过多(远大于 1.5 %),所以发生了严重的团聚现象。

图 7-10　3CuPc/BVNS 的 TEM 图

　　相较而言,引入 Au 后,如图 7-11(a)所示,3CuPc/1Au-BVNS 表面覆盖的暗影明显更少、分布也更加均匀,同时还可观察到沉积的、高度分散的、直径约为 5.00 nm 的超小 Au 颗粒。值得注意的是,CuPc 在 3CuPc/1Au-BVNS 中的分散状态与在 1CuPc/BVNS 中的分散状态类似,说明引入 Au 能够有效抑制 CuPc 的聚集现象。这表明修饰的 Au 能够诱导 CuPc 均匀组装并提高其分散性。图 7-11(b)为 3CuPc/1Au-BVNS 的 HRTEM 图。一般来说,CuPc 没有清晰的晶格条纹像,但在此图中可以清晰地看到晶面间距为 0.24 nm 和 0.26 nm 的晶格条纹,它们分别归属于 Au 的(111)晶面和 BiVO$_4$ 的(200)晶面,说明 Au、CuPc 和 BiVO$_4$ 在 3CuPc/1Au-BVNS 中形成了紧密的异质结构。同时,对 3CuPc/1Au-BVNS 进行 EDX 元素分析。图 7-12 为 3CuPc/1Au-BVNS 的高角环形暗场扫描图及相应元素 Bi、V、O、C、N、Cu 和 Au 的 EDX 扫描图。从图中可以看出,Bi、V、O、C、N、Cu 和 Au 在体系中均匀分散,说明修饰的 Au 和 CuPc 均未发生明显的团聚。

(a)

(b)

图 7-11　3CuPc/1Au-BVNS 的 TEM 图(a)和 HRTEM 图(b)

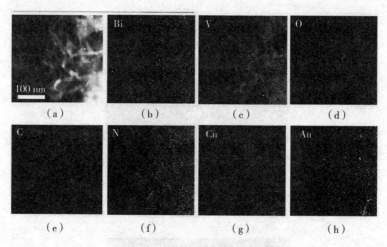

图 7-12 3CuPc/1Au-BVNS 的高角环形暗场扫描图(a)

及相应元素 Bi(b)、V(c)、O(d)、C(e)、N(f)、Cu(g)、Au(h) 的 EDX 扫描图

随后,利用 AFM 对 3CuPc/1Au-BVNS 的厚度进行分析。图 7-13(a)(b) 所示分别为 3CuPc/1Au-BVNS 的 AFM 图和相应的高度剖面图。从图中可以看出,复合样品的平均厚度在 6.1 nm 左右,相比于 BVNS,厚度增加了大概 1.1 nm。这与 7.2.2 所表征的具有最佳 CuPc 负载厚度的二元复合体(1CuPc/BVNS)的厚度基本一致。而如图 7-14(a)(b)所示的 3CuPc/BVNS 的平均厚度为 7.0 nm,可估算出负载的 CuPc 的厚度约为 2.0 nm。以上结果清晰地表明,Au 修饰后,负载的 CuPc 厚度减小,侧面反映出 CuPc 的分散性得到了显著提高。

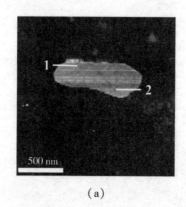

(a)

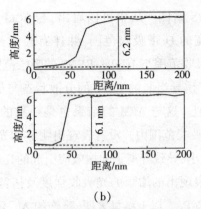

（b）

图 7-13　3CuPc/1Au-BVNS 的 AFM 图(a)和相应的高度剖面图(b)

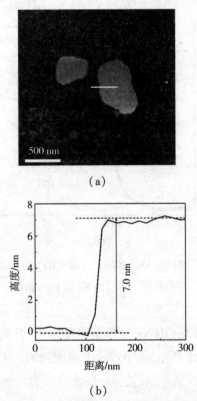

（a）

（b）

图 7-14　3CuPc/BVNS 的 AFM 图(a)和相应的高度剖面图(b)

进一步利用 DRS 光谱对 Au 引入前后 CuPc 的分散状态进行分析。图 7-15

所示为不同样品的 DRS 谱图。从中可以看出,与 3CuPc/BVNS 相比,3CuPc/1Au-BVNS 表现出更宽的 Q 带吸收范围,并伴有轻微蓝移。此外,还注意到 3CuPc/1Au-BVNS 的吸收范围与 1CuPc/BVNS 的吸收范围类似,但是具有更强的光吸收。这表明 Au 诱导组装的 CuPc 的分散状态与最佳二元体系(1CuPc/BVNS)的分散状态相似。这与 AFM 的结果也是一致的。同时,观察到 1Au-BVNS 在 600~800 nm 波长范围内并没有表现出明显的光吸收。这可能是由于沉积的 Au 粒径尺寸较小,导致等离子共振效应引起的光吸收相对较弱。因此,3CuPc/1Au-BVNS 所表现出的增强的光吸收强度及拓宽的光响应范围主要源于负载的高度分散的 CuPc。以上结果表明,修饰的 Au 不与 CuPc 竞争吸光,但可以诱导 CuPc 高度分散,从而增加其负载量,进一步拓展可见光吸收范围。

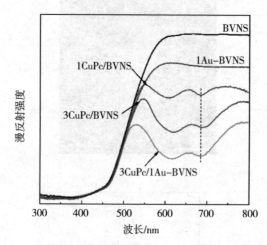

图 7-15　BVNS、1Au-BVNS、1CuPc/BVNS、3CuPc/BVNS
和 3CuPc/1Au-BVNS 的 DRS 谱图

为了揭示 3CuPc/1Au-BVNS 的界面相互作用,首先利用 FT-IR 光谱对样品进行表征。如图 7-16 所示,在 BVNS 上检测到的位于 600~800 cm^{-1} 的拉伸振动峰归属于 BiVO$_4$ 的 VO$_4^{3-}$ 单元,Au 修饰后没有发生明显的变化。此外,在 3CuPc/BVNS 中还检测到了一些位于 1 058 cm^{-1}、1 114 cm^{-1}、1 291 cm^{-1}、1 330 cm^{-1} 和 1 412 cm^{-1} 处的振动峰,分别归属于酞菁骨架和中心配位金属的振动。当 Au 修饰后,3CuPc/1Au-BVNS 中归属于 CuPc 芳香环上 C═N 的振动峰移动到 1 506 cm⁻¹ 处,表明 Au 和 CuPc 之间具有相互作用。

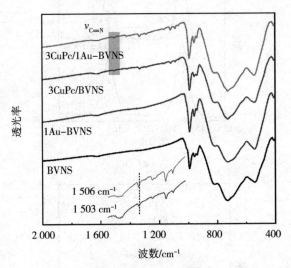

图 7-16　BVNS、1Au-BVNS、3CuPc/BVNS 和 3CuPc/1Au-BVNS 的
FT-IR 光谱

　　进一步利用 XPS 能谱对界面结构进行分析。如图 7-17(a)(b)所示,与纯相 BVNS 相比,Au 修饰的 1Au-BVNS 中 Bi 4f 和 V 2p 的峰位向高结合能方向偏移。这是因为 Au 和 BVNS 紧密接触后,二者的费米能级拉平了。图 7-18 所示为不同样品 Au 4f 的 XPS 能谱,在 1Au-BVNS 中位于 84.0 eV 和 87.7 eV 处的特征峰分别归属于 Au 4f$_{7/2}$ 和 Au 4f$_{5/2}$。相较而言,3CuPc/1Au-BVNS 中 Au 4f 的特征峰则向高结合能方向偏移。这说明负载 CuPc 后,Au 所处的化学环境发生了变化。

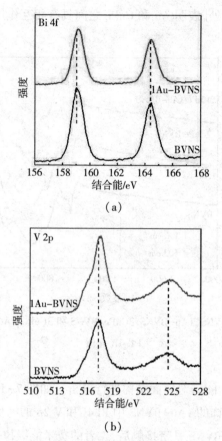

（a）

（b）

图 7-17　BVNS 和 1Au-BVNS 的 Bi 4f(a) 和 V 2p(b) XPS 谱图

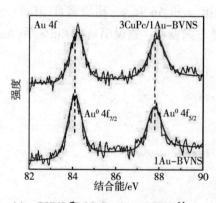

图 7-18　1Au-BVNS 和 3CuPc/1Au-BVNS 的 Au 4f XPS 谱图

　　如图 7-19(a)(b)所示,与 BVNS 相比,3CuPc/BVNS 中 Bi 4f 和 V 2p 的特征峰向低结合能方向发生偏移;引入 Au 后,3CuPc/1Au-BVNS 中 Bi 4f 和 V 2p 的特征峰又向高结合能方向发生偏移,但仍低于 BVNS 中 Bi 4f 和 V 2p 的结合能。另一方面,对 N 1s 的 XPS 能谱进行分析。如图 7-20 所示,位于 398.50 eV 和 400.96 eV 结合能处的特征峰分别归属于吡啶氮和吡咯氮。与 CuPc 相比,3CuPc/BVNS 的 N 1s 特征峰向高结合能方向发生偏移;在引入 Au 后,N 1s 的 XPS 特征峰又向低结合能方向发生偏移。以上结果表明,Au 与 CuPc 中的 N 原子发生较强的相互作用。

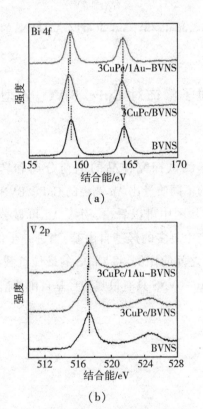

（a）

（b）

图 7-19　BVNS、3CuPc/BVNS 和 3CuPc/1Au-BVNS 的
Bi 4f(a)和 V 2p(b)XPS 谱图

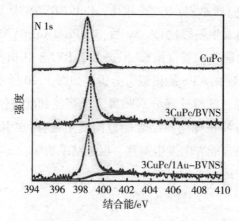

图 7-20　CuPc、3CuPc/BVNS 和 3CuPc/1Au-BVNS 的 N 1s XPS 谱图

7.3.3　Au 纳米粒子修饰对 CuPc/BiVO$_4$ Z 型异质结电荷分离的影响

　　利用羟基自由基测试探究样品的电荷分离和转移特性。图 7-21 和图 7-22 所示为沉积的不同质量比 Au 调控的 CuPc/BVNS 在可见光照射条件下的羟基自由基谱图。从图中可以看出,引入 Au 可显著增加 CuPc 在 0.5Au-BVNS 上的负载量以产生更多的羟基自由基;当进一步优化沉积在 BVNS 表面的 Au 和负载的 CuPc 之间的比例,将 CuPc 的最佳负载量从原来的 1.0% 提高至 3.0%时,3CuPc/1Au-BVNS 具有最强的羟基自由基信号。

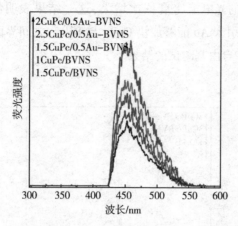

图 7-21　xCuPc/BVNS 与 0.5% Au 调控的 xCuPc/BVNS 的羟基自由基谱图

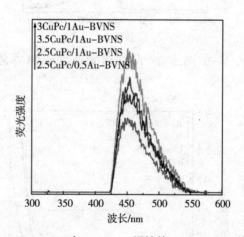

图 7-22　2.5CuPc/0.5Au-BVNS 与 1.0% Au 调控的 xCuPc/BVNS 的羟基自由基谱图

　　图 7-23 为各样品的羟基自由基谱图。对比可知,1Au-BVNS 的羟基自由基信号明显强于 BVNS 的羟基自由基信号;3CuPc/BVNS 的羟基自由基信号比 1Au-BVNS 的羟基自由基信号更强,说明 CuPc 修饰有利于促进电荷分离和转移;进一步引入 Au,3CuPc/1Au-BVNS 的羟基自由基信号强于 3CuPc/BVNS,说明 CuPc 与 Au 共同修饰的样品的光生电荷分离性能最佳。光电化学测试的结果与羟基自由基的结果一致。图 7-24 为不同样品在可见光照射条件下的线性扫描伏安曲线。从图中可以看出, BVNS、1Au－BVNS、3CuPc/BVNS 和

3CuPc/1Au–BVNS 的光电流密度依次增大,这一结果表明修饰 CuPc 有利于 BVNS 的电荷分离,引入 Au 能够加快 CuPc 与 BVNS 之间界面电荷分离和转移 的速率,支持了羟基自由基测试的结果。

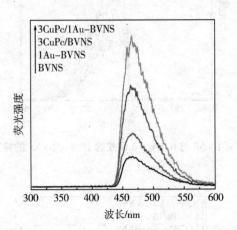

图 7-23　BVNS、1Au–BVNS、3CuPc/BVNS 和 3CuPc/1Au–BVNS 的羟基自由基谱图

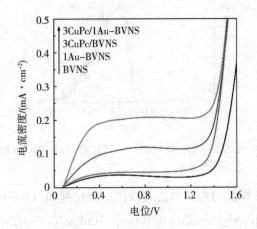

图 7-24　BVNS、1Au–BVNS、3CuPc/BVNS 和 3CuPc/1Au–BVNS 的线性扫描伏安曲线

7.3.4　CuPc/Au–BiVO₄ Z 型异质结的光催化 CO₂ 还原性能

在可见光照射下对样品进行光催化 CO_2 还原性能测试。如图 7-25 和图 7-26 所示,调控沉积在 BVNS 表面的 Au 和负载的 CuPc 之间的比例,可显著增加 CuPc 在 0.5Au/BVNS 的负载量并提高光催化 CO_2 还原性能。当进一步优化 Au 和 CuPc 的负载比例时,CuPc 的最佳负载量可从 1.0% 增加至 3.0%。其中,3CuPc/1Au-BVNS 的光催化性能最佳。这与羟基自由基测试的结果是一致的。

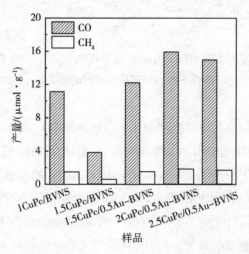

图 7-25　xCuPc/BVNS、0.5 % Au 调控的 xCuPc/BVNS 在可见光照射
4 h 条件下的 CO_2 还原性能测试结果图

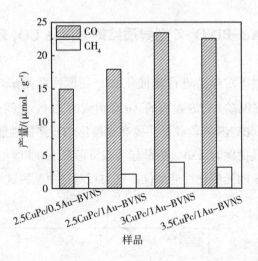

图 7-26   2.5CuPc/0.5Au-BVNS、1.0 % Au 调控的 xCuPc/BVNS 在可见光照射 4 h

条件下的 CO$_2$ 还原性能测试结果图

图 7-27 为各样品在可见光照射 4 h 条件下的 CO$_2$ 还原性能测试结果。通过对比发现,1Au/BVNS 和 3CuPc/BVNS 的光催化 CO$_2$ 还原性能仅略高于 BVNS 的光催化 CO$_2$ 还原性能,但 3CuPc/1Au-BVNS 的光催化 CO$_2$ 还原至 CO 的产率分别约为 3CuPc/BVNS 和 BVNS 的 3 倍和 9 倍。为了验证光催化剂的稳定性,以 3CuPc/1Au-BVNS 为例进行循环测试,结果如图 7-28 所示。在 3 次循环测试(每次循环测试时长为 4 h)中,样品的光催化性能均未发生明显的衰减,这证明在整个光催化 CO$_2$ 还原反应中,制备的催化剂具有较高的稳定性。此外,在暗态条件下和 N$_2$ 饱和条件下均未检测到相应的还原产物,这证明该反应一个光驱动 CO$_2$ 还原的反应,且还原产物确实是来自反应物 CO$_2$,而不是负载的 CuPc 或在反应过程中残留的有机物的分解。

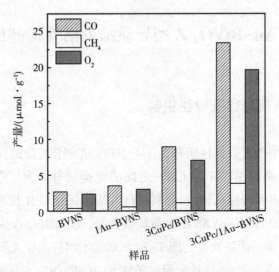

**图 7-27　BVNS、1Au-BVNS、3CuPc/BVNS 和 3CuPc/1Au-BVNS
在可见光照射 4 h 条件下的还原 CO₂ 性能测试结果图**

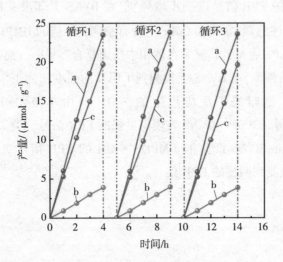

图 7-28　3CuPc/1Au-BVNS 的循环测试

CO(a)；CH₄(b)；O₂(c)

7.4 CuPc/Au-BiVO$_4$ Z 型异质结的活性提高机制

7.4.1 Z 型电荷转移及增强机制

7.3.3 中有关电荷分离性质和 7.3.4 中有关光催化性能的探讨结果均表明引入 Au 可有效调控 BVNS 与 CuPc 之间的电荷转移。为了明确 CuPc/Au-BVNS 的电荷分离和转移机制,首先利用自由基捕获的 EPR 技术揭示其在可见光照射条件下 CuPc/Au-BVNS 的电荷转移方向。以 DMPO 作为自旋捕获剂记录反应过程中产生的活性物种。图 7-29 所示为不同样品在光照条件下的 EPR 谱图。从图中可以看出,在可见光照射条件下,3CuPc/BVNS 具有明显的四重峰 EPR 信号,其强度比为 1∶1∶1∶1。这归属于反应产生的·O$_2^-$ 自由基被 DMPO 捕获后的 DMPO-·O$_2^-$ 信号。进一步引入 Au,3CuPc/1Au-BVNS 产生的 DMPO-·O$_2^-$ 的 EPR 信号进一步增强,但在 BVNS 上却没有检测到明显的 EPR 信号。同时注意到,在纯相 CuPc 上没有检测到相应的 DMPO-·O$_2^-$ 信号。这主要是因为 CuPc 的光生载流子在体相中快速复合。另一方面,如图 7-30 所示,可见光照射条件下,在 BVNS 上检测到了明显的强度比为 1∶2∶2∶1 的四重峰 EPR 信号,这归属于反应产生的·OH 自由基被 DMPO 捕获后的 DMPO-·OH 信号。3CuPc/BVNS 表现出更强的 EPR 信号。类似地,进一步引入 Au,3CuPc/1Au-BVNS 产生的 DMPO-·OH 的 EPR 信号更加强烈,但在 CuPc 上却没有检测到明显的 EPR 信号。

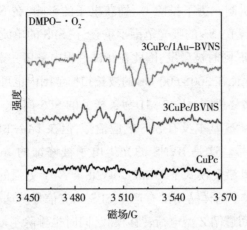

图 7-29　光照条件下 CuPc、3CuPc/BVNS 和 3CuPc/1Au-BVNS 的 EPR 谱图

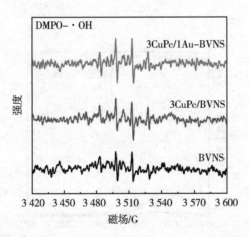

图 7-30　光照条件下 BVNS、3CuPc/BVNS 和 3CuPc/1Au-BVNS 的 EPR 谱图

由于 BVNS 导带能级的电子不足以还原 O_2 产生·O_2^- 自由基,相应地, CuPc 价带能级的空穴也难以氧化水产生·OH 自由基。因此,上述结果清晰地证明了 CuPc 与 BVNS 之间符合 Z 型电荷转移模式,并排除了两者之间Ⅱ型电荷转移路径存在的可能性。此外,可以合理推断 Au 修饰可显著增加具有最佳厚度的 CuPc 的负载量,促进 CuPc 与 BVNS 界面的 Z 型电荷转移。

SPS 是一种通过记录半导体材料光照前后表面电势变化从而直接揭示光生电荷分离和复合的光物理技术,利用它可以进一步揭示 BVNS 和 CuPc 之间的 Z 型电荷转移机制。为了排除 O₂ 捕获电子的影响,在 N₂ 饱和条件下进行 SPS 测试。CuPc 与 BVNS 的吸光范围不重叠,在 SPS 的单波长扫描模式下无法保证 CuPc 和 BVNS 同时被激发,因此在测试过程中采用一束 660 nm 的单色光作为辅助光源以保证在 300～600 nm 的波长扫描范围内也可同时激发 CuPc,以便验证 Z 型电荷转移机制。图 7-31 为各样品的 SPS 谱图。从中可以看出,在 N₂ 饱和条件下,BVNS 基本没有 SPS 响应信号,但在 1Au-BVNS 中检测到了明显的 SPS 响应信号。这是 BVNS 的光生电子被修饰的 Au 捕获的结果。在 660 nm 单色光辅助激发模式下,3CuPc/BVNS 产生了更强的 SPS 响应信号,而在单波长扫描模式下的样品则没有产生 SPS 响应信号。这一结果清晰地表明 CuPc 和 BVNS 之间遵循 Z 型电荷转移模式,同时也排除了 CuPc 对 BVNS 的敏化作用。其中,3CuPc/1Au-BVNS 表现出最强的 SPS 响应信号,与 EPR 的检测结果一致。

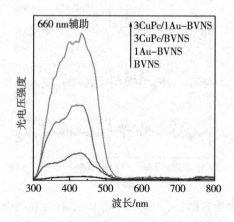

图 7-31　BVNS、1Au-BVNS、3CuPc/BVNS 和 3CuPc/1Au-BVNS 的 SPS 谱图

　　图 7-32 所示为不同样品的电化学阻抗谱图。由图可知,3CuPc/BVNS 的曲线弧半径明显小于 1Au-BVNS 和 BVNS 的曲线弧半径,表明形成 Z 型异质结可有效降低界面电荷转移电阻。3CuPc/1Au-BVNS 的曲线弧半径最小,说明 Au 修饰显著促进了 Z 型电荷转移,进一步支持了 EPR 和 SPS 的检测结果。

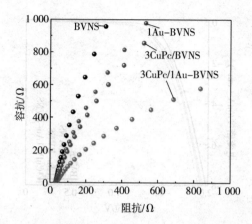

图 7-32　BVNS、1Au-BVNS、3CuPc/BVNS 和 3CuPc/1Au-BVNS 的电化学阻抗谱图

7.4.2　CO₂ 的活化

CO₂ 的吸附和活化情况是影响光催化 CO₂ 还原反应程度的关键因素。为了探究 CO₂ 还原反应的过程机制,首先通过不同气氛条件下的电化学还原测试,研究 CuPc 负载及 Au 引入对 CO₂ 活化的影响。图 7-33 为不同样品在 N₂ 饱和的电解液中测试的电化学还原曲线。从中可以看出,相比于 BVNS,3CuPc/BVNS 的起始电位更低,这意味着 CuPc 修饰有利于水还原。图 7-34 为样品在 CO₂ 饱和的电解液中测试的电化学还原曲线,对比发现 3CuPc/BVNS 的起始电位低于其在 N₂ 饱和条件下的起始电位,这进一步证明了 CuPc 引入更利于 CO₂ 的活化。在所有测试样品中,3CuPc/1Au-BVNS 表现出最低的起始电位,这是因为引入 Au 调控了更多的 CuPc 组装,从而更有利于 CO₂ 活化。同时注意到,1Au-BVNS 的起始电位与 BVNS 较为接近,因此可排除 Au 自身对 CO₂ 活化的直接影响。

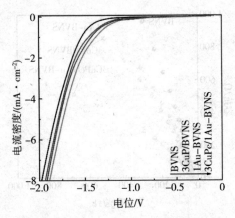

图 7-33　BVNS、1Au-BVNS、3CuPc/BVNS 和 3CuPc/1Au-BVNS
在 N$_2$ 饱和条件下的电化学还原曲线

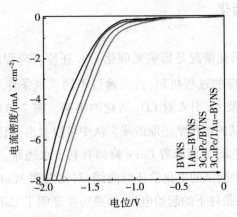

图 7-34　BVNS、1Au-BVNS、3CuPc/BVNS 和 3CuPc/1Au-BVNS
在 CO$_2$ 饱和条件下的电化学还原曲线

利用 CO$_2$-TPD 测试评估被测样品对 CO$_2$ 的吸附能力。为确保 CuPc 在测试过程中的热稳定性,程序升温的最高温度值设置为 400 ℃。图 7-35 所示为不同样品的 CO$_2$-TPD 曲线。由图可知,Au 修饰对 BVNS 吸附 CO$_2$ 的性能影响不大,1Au-BVNS 与 BVNS 的 CO$_2$ 吸附量比较接近,这与电化学还原测试的结果一致。然而,3CuPc/1Au-BVNS 对 CO$_2$ 的吸附能力明显比其他样品的吸附能力更强,说明引入 Au 进一步提高了样品对 CO$_2$ 的吸附性能。

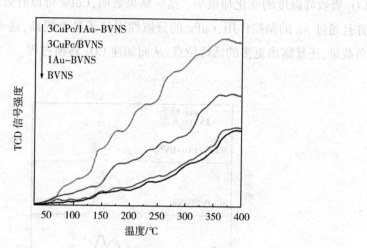

图 7-35　BVNS、1Au-BVNS、3CuPc/BVNS 和 3CuPc/1Au-BVNS 的
CO₂-TPD 曲线

通常情况下,光催化 CO_2 还原性能与光催化剂的表面特征密切相关。利用原位红外光谱技术探究反应过程中光催化剂表面吸附的反应物分子的变化情况,揭示光催化 CO_2 还原的反应机制。在模拟光催化 CO_2 还原的反应过程中,首先,将 CO_2 和水蒸气的混合气体通入原位反应池中,使 CO_2 和水蒸气同时被吸附在待测样品表面。随后,利用 N_2 进行吹扫,除去反应池中游离的气体。待样品表面吸附的气体达到吸附平衡后,对样品进行光照并检测反应物的变化情况,结果如图 7-36 和图 7-37 所示。图 7-36 中,位于 $2\ 200 \sim 2\ 400\ cm^{-1}$ 波长范围内的吸收峰归属于 CO_2 分子的不对称伸缩振动;图 7-37 中,在 $3\ 500 \sim 3\ 800\ cm^{-1}$ 波长范围内的多个吸收峰则归属于水分子中 O—H 键的拉伸振动。值得注意的是,暗态条件下,在 3CuPc/BVNS 和 3CuPc/1Au-BVNS 上检测到的归属于 CO_2 的吸收峰强度明显高于 BVNS,然而归属于 O—H 键的拉伸振动峰则无明显变化。这说明 CO_2 分子主要吸附在 CuPc 上,且引入的 CuPc 基本没有影响样品对水的吸附能力。

通过对比发现,光照条件下在 3CuPc/BVNS 检测到的归属于 CO_2 的吸收峰强度相对于暗态条件下所检测到的强度明显更弱,在 3CuPc/1Au-BVNS 检测到的光照前后 CO_2 吸收峰强度的衰减更加明显,而在 BVNS 上观察到的光照前后

163

CO$_2$ 吸收峰强度的变化却很小。这一结果表明，CuPc 可以有效活化 CO$_2$ 分子，并且通过 Au 的调控作用，CuPc 的分散性得到了显著提高，这不仅增加了它的负载量，还暴露出更多的活性位点，从而加速 CO$_2$ 转换过程。

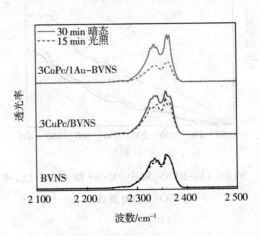

图 7-36　光照前后 BVNS、3CuPc/BVNS 和 3CuPc/1Au-BVNS
表面吸附 CO$_2$ 的原位红外光谱

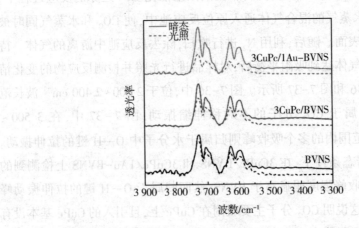

图 7-37　光照前后 BVNS、3CuPc/BVNS 和 3CuPc/1Au-BVNS
表面吸附 H$_2$O 的原位红外光谱

　　基于上述的实验结果和分析，绘制如图 7-38 所示的 CuPc/Au-BVNS 的电

荷分离和转移及引发的光催化 CO$_2$ 还原的机制示意图。由图可知,CuPc/Au-
BVNS 的光生载流子符合 Z 型电荷转移模式,当 BVNS 和 CuPc 同时被激发时,
BVNS 的光生电子与 CuPc 的光生空穴发生复合,空间分离的、位于 CuPc LUMO
能级的电子引发 CO$_2$ 还原反应,富集在 BVNS 价带的空穴与水发生氧化反应产
生 O$_2$。此外,修饰的 Au 纳米粒子可进一步促进 BVNS 与 CuPc 之间的 Z 型电
荷转移。

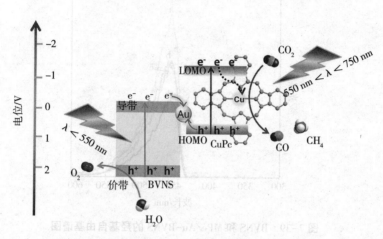

图 7-38   CuPc/Au-BVNS 的 Z 型电荷分离和转移
及引发的光催化 CO$_2$ 还原的机制示意图

7.5   拓展应用

将 Au 诱导 MPc 组装的策略拓展到其他 MPc。利用 7.3.1 中制备 CuPc/
Au-BVNS 的方法制备 CoPc/Au-BVNS 和 NiPc/Au-BVNS 并深入探究 Au 诱导
组装的不同 MPc/Au-BVNS(M = Co、Ni、Cu)之间的电荷分离性质和光催化活
性。图 7-39 所示为不同 MPc/Au-BVNS 的羟基自由基谱图。从图中可以看
出,3CoPc/1Au-BVNS 和 3NiPc/1Au-BVNS 的羟基自由基信号强度基本相同,
且都高于纯相 BVNS,但 3CuPc/1Au-BVNS 的信号强度明显高于 3CoPc/1Au-
BVNS 和 3NiPc/1Au-BVNS,这表明 3CuPc/1Au-BVNS 具有更优异的电荷分离

性能。图 7-40 所示为不同 MPc/Au-BVNS 的光催化 CO₂ 还原性能测试结果图。由图可知,可见光照射条件下,3NiPc/1Au-BVNS 的光催化 CO₂ 还原性能略高于 3CoPc/1Au-BVNS;四种样品中,3CuPc/1Au-BVNS 的催化活性最佳,其光催化 CO₂ 还原为 CO 的产率几乎是 3CoPc/1Au-BVNS 光催化 CO₂ 还原为 CO 的产率的 2 倍。

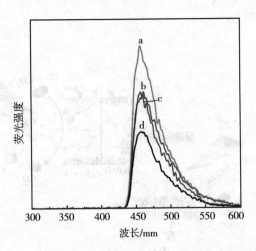

图 7-39 BVNS 和 MPc/Au-BVNS 的羟基自由基谱图
3CuPc/1Au-BVNS(a);3NiPc/1Au-BVNS(b);3CoPc/1Au-BVNS(c);BVNS(d)

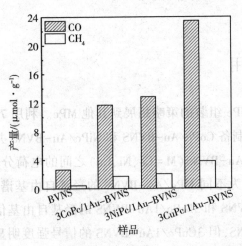

图 7-40 BVNS 和 MPc/Au-BVNS 在可见光照射 4 h 条件下的还原 CO₂ 性能测试结果图

图 7-41 所示为不同样品在 CO_2 饱和的电解液中的电化学还原曲线。从图中可以看出,MPc/Au-BVNS 的起始电位均低于 BVNS。其中,3CoPc/1Au-BVNS 和 3NiPc/1Au-BVNS 的起始电位较为接近,3CuPc/1Au-BVNS 的起始电位明显比其他样品都更低。这一结果表明,在所探究的这几种 MPc 中,CuPc 更利于加快 CO_2 还原的表面动力学反应过程,因此表现出更高的光催化 CO_2 还原性能。

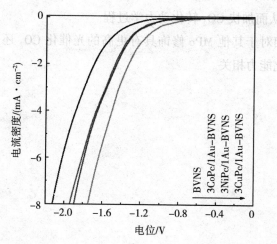

图 7-41　BVNS 和 MPc/Au-BVNS 在 CO_2 饱和条件下的电化学还原曲线

7.6　本章小结

本章提出利用 Au 诱导高分散的 CuPc 与 BiVO₄ 可控组装制备 CuPc/Au-BiVO₄ 纳米复合材料,并应用于光催化 CO_2 还原反应。引入 Au 能够诱导 BiVO₄ 的光生电子向界面定向转移,同时有效提高 CuPc 的分散性并增加其负载量,显著促进 Z 型界面电荷分离和转移,进而提高了光催化 CO_2 还原性能。同时,本章还阐明了电荷分离和转移机制及光催化性能提高机制。具体可分为以下几方面。

（1）在 BiVO₄ 表面预修饰高分散的超小 Au 纳米粒子,利用 Au 与 N 的相互作用诱导 CuPc 高度分散并与 BiVO$_4$ 可控组装,成功制备了 CuPc/Au-BiVO$_4$ 纳米复合材料。在无牺牲剂条件下,具有最佳修饰比例的 CuPc/BiVO$_4$ 和 CuPc/Au-BiVO$_4$ 纳米复合材料在可见光照射 4 h 条件下催化 CO$_2$ 还原为 CO 的产量分别为 8.96 μmol · g^{-1} 和 23.50 μmol · g^{-1}。

(2)光催化活性提高的关键在于:Au 能够诱导 BiVO$_4$ 的光生电子向界面定向转移,并有效提高 CuPc 的分散性,从而增加具有适当厚度 CuPc 的负载量,显著促进 BiVO$_4$ 和 CuPc 之间的 Z 型电荷分离和转移。

(3)高度分散的 CuPc 暴露出更多的催化活性中心,这有利于促进对 CO$_2$ 的吸附和活化,从而加快 CO$_2$ 转化动力学过程。

(4)CuPc 相对于其他 MPc 修饰具有更高的光催化 CO$_2$ 还原性能,这与其优异的 CO$_2$ 活化能力相关。

参考文献

[1] 秦大河，THOMAS S. IPCC 第五次评估报告第一工作组报告的亮点结论 [J]. 气候变化研究进展，2014，10（1）：1-6.

[2] 李灿. 太阳能光催化制氢的科学机遇和挑战[J]. 光学与光电技术，2013，11（1）：1-6.

[3] 张金水，王 博，王心晨. 氮化碳聚合物半导体光催化[J]. 化学进展，2014，26（1）：19-29.

[4] 施晶莹，李灿. 太阳燃料：新一代绿色能源[J]. 科技导报，2020，38（23）：39-48.

[5] WAI N C W, RAFA T, LIM C J. Effects of atmospheric CO_2 concentration on soil-water retention and induced suction in vegetated soil[J]. Engineering Geology, 2018, 242: 108-120.

[6] RAN L, BUTMAN D E, BATTIN T J, et al. Substantial decrease in CO_2 emissions from Chinese inland waters due to global change[J]. Nature Communications, 2021, 12(1): 1730.

[7] SOLAZZO E, CRIPPA M, GUIZZARDI D, et al. Uncertainties in the Emissions Database for Global Atmospheric Research (EDGAR) emission inventory of greenhouse gases[J]. Atmospheric Chemistry and Physics, 2021, 21(7): 5655-5683.

[8] LIU X Y, GAO W J, SUN P P, et al. Environmentally friendly high-energy MOFs: crystal structures, thermostability, insensitivity and remarkable detonation performances[J]. Green Chemistry, 2015, 17(2): 831-836.

[9] THOMAS A, NAIR P V, THOMAS K G. InP quantum dots: an

environmentally friendly material with resonance energy transfer requisites[J]. Journal of Physical Chemistry C, 2014, 118(7): 3838-3845.

[10] WU C Z, XIE W, ZHANG M, et al. Environmentally friendly γ - MnO$_2$ hexagon-based nanoarchitectures: structural understanding and their energy-saving applications[J]. Chemistry-A European Journal, 2009, 15(2): 492-500.

[11] LI X, YU J G, JARONIEC M, et al. Cocatalysts for selective photoreduction of CO$_2$ into solar fuels[J]. Chemical Reviews, 2019, 119(6): 3962-4179.

[12] HUANG Y M, DU P Y, SHI W X, et al. Filling COFs with bimetallic nanoclusters for CO$_2$-to-alcohols conversion with H$_2$O oxidation[J]. Applied Catalysis B:Environmental, 2021, 288: 120001.

[13] GRÄTZEL M. Photoelectrochemical cells[J]. Nature, 2001, 414: 338-344.

[14] PANG R, TERAMURA K, ASAKURA H, et al. Highly selective photocatalytic conversion of CO$_2$ by water over Ag-loaded SrNb$_2$O$_6$ nanorods [J]. Applied Catalysis B:Environmental, 2017, 218: 770-778.

[15] BIE C B, ZHU B C, XU F Y, et al. In situ grown monolayer N-doped graphene on CdS hollow spheres with seamless contact for photocatalytic CO$_2$ reduction[J]. Advanced Materials, 2019, 31(42): 1902868.

[16] SINGH C, MUKHOPADHYAY S, HOD I. Metal-organic framework derived nanomaterials for electrocatalysis: recent developments for CO$_2$ and N$_2$ reduction[J]. Nano Convergence, 2021, 8(1): 1-10.

[17] KONDRATENKO E V, MUL G, BALTRUSAITIS J, et al. Status and perspectives of CO$_2$ conversion into fuels and chemicals by catalytic, photocatalytic and electrocatalytic processes [J]. Energy & Environmental Science, 2013, 6(11): 3112-3135.

[18] CENTI G, PERATHONER S. Opportunities and prospects in the chemical recycling of carbon dioxide to fuels[J]. Catalysis Today, 2009, 148(3-4): 191-205.

[19] NING C J, WANG Z L, BAI S, et al. 650 nm-driven syngas evolution from photocatalytic CO$_2$ reduction over Co - containing ternary layered double

hydroxide nanosheets [J]. Chemical Engineering Journal, 2021, 412: 128362.

[20] HALMANN M. Photoelectrochemical reduction of aqueous carbon dioxide on p-type gallium phosphide in liquid junction solar cells[J]. Nature, 1978, 275: 115-116.

[21] INOUE T, FUJISHIMA A, KONISHI S, et al. Photoelectrocatalytic reduction of carbon dioxide in aqueous suspensions of semiconductor powders[J]. Nature, 1979, 277: 637-638.

[22] LEHN J M, ZIESSEL R. Photochemical generation of carbon monoxide and hydrogen by reduction of carbon dioxide and water under visible light irradiation[J]. Proceedings of the National Academy of Sciences of the United States of America, 1982, 79(2): 701-704.

[23] RAO H, SCHMIDT L C, BONIN J, et al. Visible-light-driven methane formation from CO_2 with a molecular iron catalyst[J]. Nature, 2017, 548 (7665): 74-77.

[24] PARK H, OU H H, COLUSSI A J, et al. Artificial photosynthesis of C1-C3 hydrocarbons from water and CO_2 on titanate nanotubes decorated with nanoparticle elemental copper and CdS quantum dots[J]. Journal of Physical Chemistry A, 2015, 119(19): 4658-4666.

[25] SUN S, WATANABE M, WU J, et al. Ultrathin $WO_3 \cdot 0.33H_2O$ nanotubes for CO_2 photoreduction to acetate with high selectivity[J]. Journal of the American Chemical Society, 2018, 140(20): 6474-6482.

[26] ZHANG Z Q, BAI L L, LI Z J, et al. Review of strategies for the fabrication of heterojunctional nanocomposites as efficient visible-light catalysts by modulating excited electrons with appropriate thermodynamic energy [J]. Journal of Materials Chemistry A, 2019, 7(18): 10879-10897.

[27] WINDLE C D, WIECZOREK A, XIONG L Q, et al. Covalent grafting of molecular catalysts on $C_3N_xH_y$ as robust, efficient and well-defined photocatalysts for solar fuel synthesis[J]. Chemical Science, 2020, 11(32): 8425-8432.

171

[28] KAUR R, KAUR H. Solar driven photocatalysis – an efficient method for removal of pesticides from water and wastewater[J]. Biointerface Research in Applied Chemistry, 2021, 11(2): 9071-9084.

[29] WANG Z, LI C, DOMEN K. Recent developments in heterogeneous photocatalysts for solar – driven overall water splitting[J]. Chemical Society Reviews, 2019, 48(7): 2109-2125.

[30] LI H J, TU W G, ZHOU Y, et al. Z – scheme photocatalytic systems for promoting photocatalytic performance: recent progress and future challenges [J]. Advanced Science, 2016, 3(11): 1500389.

[31] FU Z Q, WANG Y S C, LI Z Y, et al. Controllable synthesis of porous silver cyanamide nanocrystals with tunable morphologies for selective photocatalytic CO$_2$ reduction into CH$_4$[J]. Journal of Colloid and Interface Science, 2021, 593: 152-161.

[32] SUN B J, ZHOU W, LI H Z, et al. Synthesis of particulate hierarchical tandem heterojunctions toward optimized photocatalytic hydrogen production [J]. Advanced Materials, 2018, 30(43): 1804282.

[33] MAO N. Investigating the heterojunction between ZnO/Fe$_2$O$_3$ and g–C$_3$N$_4$ for an enhanced photocatalytic H$_2$ production under visible–light irradiation[J]. Scientific Reports, 2019, 9(1): 12383.

[34] LI C Q, YI S S, CHEN D L, et al. Oxygen vacancy engineered SrTiO$_3$ nanofibers for enhanced photocatalytic H$_2$ production[J]. Journal of Materials Chemistry A, 2019, 7(30): 17974-17980.

[35] QAMAR S, LEI F C, LIANG L, et al. Ultrathin TiO$_2$ flakes optimizing solar light driven CO$_2$ reduction[J]. Nano Energy, 2016, 26: 692-698.

[36] LI X, JIANG H P, MA C C, et al. Local surface plasma resonance effect enhanced Z–scheme ZnO/Au/g–C$_3$N$_4$ film photocatalyst for reduction of CO$_2$ to CO[J]. Applied Catalysis B: Environmental, 2021, 283: 119638.

[37] ZHU Z Z, LI X X, QU Y T, et al. A hierarchical heterostructure of CdS QDs confined on 3D ZnIn$_2$S$_4$ with boosted charge transfer for photocatalytic CO$_2$ reduction[J]. Nano Research, 2021, 14(1): 81-90.

[38] ZHANG X, GUO H L, DONG G J, et al. Homostructural Ta_3N_5 nanotube/ nanoparticle photoanodes for highly efficient solar-driven water splitting[J]. Applied Catalysis B：Environmental, 2020, 277：119217.

[39] LIU J L, ZHANG Y Q, ZHANG L, et al. Graphitic carbon nitride ($g-C_3N_4$)-derived N-rich graphene with tuneable interlayer distance as a high-rate anode for sodium-ion batteries[J]. Advanced Materials, 2019, 31(24)：1901261.

[40] YOON Y, LEE M, KIM S K, et al. A strategy for synthesis of carbon nitride induced chemically doped 2D MXene for high-performance supercapacitor electrodes[J]. Advanced Energy Materials, 2018, 8(15)：1703173.

[41] RAHMAN M Z, MULLINS C B. Understanding charge transport in carbon nitride for enhanced photocatalytic solar fuel production[J]. Accounts of Chemical Research, 2019, 52(1)：248-257.

[42] XIA P F, ANTONIETTI M, ZHU B C, et al. Designing defective crystalline carbon nitride to enable selective CO_2 photoreduction in the gas phase[J]. Advanced Functional Materials, 2019, 29(15)：1900093.

[43] WU J L, ZHANG Y, LU P, et al. Engineering 2D multi-hetero-interface in the well-designed nanosheet composite photocatalyst with broad electron-transfer channels for highly-efficient solar-to-fuels conversion[J]. Applied Catalysis B：Environmental, 2021, 286：119944.

[44] ZHANG X D, YAN J, ZHENG F Y, et al. Designing charge transfer route at the interface between WP nanoparticle and $g-C_3N_4$ for highly enhanced photocatalytic CO_2 reduction reaction[J]. Applied Catalysis B：Environmental, 2021, 286：119879.

[45] LI H P, LEE H Y, PARK G S, et al. Conjugated polyene-functionalized graphitic carbon nitride with enhanced photocatalytic water-splitting efficiency [J]. Carbon, 2018, 129：637-645.

[46] HU Y D, QU Y T, ZHOU Y S, et al. Single Pt atom-anchored C_3N_4: A bridging Pt-N bond boosted electron transfer for highly efficient photocatalytic H_2 generation[J]. Chemical Engineering Journal, 2021, 412：128749.

[47] MISHRA B P, PARIDA K. Orienting Z scheme charge transfer in graphitic

carbon nitride - based systems for photocatalytic energy and environmental applications[J]. Journal of Materials Chemistry A, 2021, 9: 10039-10080.

[48] ONG W J, TAN L L, NG Y H, et al. Graphitic carbon nitride (g-C$_3$N$_4$) - based photocatalysts for artificial photosynthesis and environmental remediation: Are We a Step Closer To Achieving Sustainability? [J]. Chemical Reviews, 2016, 116(12): 7159-7329.

[49] SUN J W, BIAN J, LI J D, et al. Efficiently photocatalytic conversion of CO$_2$ on ultrathin metal phthalocyanine/g-C$_3$N$_4$ heterojunctions by promoting charge transfer and CO$_2$ activation[J]. Applied Catalysis B: Environmental, 2020, 277: 119199.

[50] CHU X Y, QU Y, ZADA A, et al. Ultrathin phosphate - modulated Co phthalocyanine/g-C$_3$N$_4$ heterojunction photocatalysts with single Co-N$_4$(Ⅱ) sites for efficient O$_2$ Activation [J]. Advanced Science, 2020, 7 (16): 2001543.

[51] NIU P, YANG Y Q, YU J C, et al. Switching the selectivity of the photoreduction reaction of carbon dioxide by controlling the band structure of a g - C$_3$N$_4$ photocatalyst [J]. Chemical Communications, 2014, 50 (74): 10837-10840.

[52] MALIK R, TOMER V K, DANKWORT T, et al. Cubic mesoporous Pd-WO$_3$ loaded graphitic carbon nitride (g - CN) nanohybrids: highly sensitive and temperature dependent VOC sensors[J]. Journal of Materials Chemistry A, 2018, 6(23): 10718-10730.

[53] MAEDA K, KURIKI R, ZHANG M W, et al. The effect of the pore - wall structure of carbon nitride on photocatalytic CO$_2$ reduction under visible light [J]. Journal of Materials Chemistry A, 2014, 2(36): 15146-15151.

[54] XU Q L, ZHANG L Y, CHENG B, et al. S - scheme heterojunction photocatalyst[J]. Chem, 2020, 6(7): 1543-1559.

[55] NAGABABU P, AHMED S A M, PRABHU Y T, et al. Synthesis of Ni$_2$P/ CdS and Pt/TiO$_2$ nanocomposite for photoreduction of CO$_2$ into methanol[J]. Scientific Reports, 2021, 11(1): 8084.

[56] LI Y, LUO H H, BAO Y F, et al. Construction of hierarchical $BiOI/MoS_2/CdS$ heterostructured microspheres for boosting photocatalytic CO_2 reduction under visible light[J]. Solar RRL, 2021,5(5): 2100051.

[57] CAO Y H, GUO L, DAN M, et al. Modulating electron density of vacancy site by single Au atom for effective CO_2 photoreduction [J]. Nature Communications, 2021, 12(1): 1675.

[58] SUN Y F, CHENG H, GAO S, et al. Freestanding Tin disulfide single-layers realizing efficient visible–Light water splitting[J]. Angewandte Chemie – International Edition, 2012, 51(35): 8727-8731.

[59] CHEN J S, XIN F, YIN X H, et al. Synthesis of hexagonal and cubic $ZnIn_2S_4$ nanosheets for the photocatalytic reduction of CO_2 with methanol[J]. Rsc Advances, 2015, 5(5): 3833-3839.

[60] YANG F, ZHOU L Z, DONG X X, et al. Visible–light–responsive nanofibrous $\alpha-Fe_2O_3$ integrated FeO_x cluster–templated siliceous microsheets for rapid catalytic phenol removal and enhanced antibacterial activity[J]. ACS Applied Materials & Interfaces, 2021: 13(17), 19803-19815.

[61] GUO S, LIU M D, YOU L M, et al. Oxygen vacancy induced peroxymonosulfate activation by Mg–doped Fe_2O_3 composites for advanced oxidation of organic pollutants[J]. Chemosphere, 2021, 279: 130482.

[62] SUN X B, HE W Y, YANG T, et al. Ternary $TiO_2/WO_3/CQDs$ nanocomposites for enhanced photocatalytic mineralization of aqueous cephalexin: degradation mechanism and toxicity evaluation [J]. Chemical Engineering Journal, 2021, 412: 128679.

[63] TAYEBI M, LEE B K. The effects of W/Mo–co–doped $BiVO_4$ photoanodes for improving photoelectrochemical water splitting performance[J]. Catalysis Today, 2021, 361:183 –190.

[64] GUO Q, TANG G B, ZHU W J, et al. In situ construction of Z–scheme FeS_2/Fe_2O_3 photocatalyst via structural transformation of pyrite for photocatalytic degradation of carbamazepine and the synergistic reduction of Cr(Ⅵ)[J]. Journal of Environmental Sciences, 2021, 101: 351-360.

[65] FAN G D, NING R S, YAN Z S, et al. Double photoelectron – transfer mechanism in Ag – AgCl/WO$_3$/g – C$_3$N$_4$ photocatalyst with enhanced visible – light photocatalytic activity for trimethoprim degradation [J]. Journal of Hazardous Materials, 2021, 403: 123964.

[66] JIAO X C, ZHENG K, LIANG L, et al. Fundamentals and challenges of ultrathin 2D photocatalysts in boosting CO$_2$ photoreduction [J]. Chemical Society Reviews, 2020, 49(18): 6592–6604.

[67] ZHAO M T, HUANG Y, PENG Y W, et al. Two–dimensional metal–organic framework nanosheets: synthesis and applications [J]. Chemical Society Reviews, 2018, 47(16): 6267–6295.

[68] LEE J H, KATTEL S, XIE Z H, et al. Understanding the role of functional groups in polymeric binder for electrochemical carbon dioxide reduction on gold nanoparticles[J]. Advanced Functional Materials, 2018, 28(45): 1804762.

[69] ZHANG W H, MOHAMED A R, ONG W J. Z–scheme photocatalytic systems for carbon dioxide reduction: where are we now? [J]. Angewandte Chemie–International Edition, 2020, 59(51): 22894–22915.

[70] YANG H P, WU Y, LIN Q, et al. Composition tailoring via N and S Co–doping and structure tuning by constructing hierarchical pores: metal – free catalysts for high – performance electrochemical reduction of CO$_2$ [J]. Angewandte Chemie International Edition, 2018, 57(47): 15476–15480.

[71] HABISREUTINGER S N, SCHMIDT – MENDE L, STOLARCZYK J K. Photocatalytic reduction of CO$_2$ on TiO$_2$ and other semiconductors [J]. Angewandte Chemie International Edition, 2013, 52(29): 7372–7408.

[72] ROSS M B, DE LUNA P, LI Y F, et al. Designing materials for electrochemical carbon dioxide recycling[J]. Nature Catalysis, 2019, 2(8): 648–658.

[73] GHOUSSOUB M, XIA M K, DUCHESNE P N, et al. Principles of photothermal gas – phase heterogeneous CO$_2$ catalysis [J]. Energy & Environmental Science, 2019, 12(4): 1122–1142.

[74] LI A, CAO Q, ZHOU G Y, et al. Three – phase photocatalysis for the

enhanced selectivity and activity of CO_2 reduction on a hydrophobic surface [J]. Angewandte Chemie International Edition, 2019, 58(41): 14549–14555.

[75] RAN J R, JARONIEC M, QIAO S Z. Cocatalysts in semiconductor–based photocatalytic CO_2 reduction: achievements, challenges, and opportunities [J]. Advanced Materials, 2018, 30(7): 1704649.

[76] LI K, PENG B S, PENG T Y. Recent advances in heterogeneous photocatalytic CO_2 conversion to solar fuels [J]. ACS Catalysis, 2016, 6 (11): 7485–7527.

[77] CORMA A, GARCIA H. Photocatalytic reduction of CO_2 for fuel production: possibilities and challenges [J]. Journal of Catalysis, 2013, 308: 168–175.

[78] NEMIWAL M, SUBBARAMAIAH V, ZHANG T C, et al. Recent advances in visible–light–driven carbon dioxide reduction by metal–organic frameworks [J]. Science of the Total Environment, 2021, 762: 144101.

[79] SATO S, ARAI T, MORIKAWA T. Toward solar–driven photocatalytic CO_2 reduction using water as an electron donor [J]. Inorganic Chemistry, 2015, 54 (11): 5105–5113.

[80] NEATU S, ANTONIO MACIA–AGULLO J, CONCEPCIÓN P, et al. Gold–copper nanoalloys supported on TiO_2 as photocatalysts for CO_2 reduction by water [J]. Journal of the American Chemical Society, 2014, 136(45): 15969–15976.

[81] YAMAMOTO M, YOSHIDA T, YAMAMOTO N, et al. Photocatalytic reduction of CO_2 with water promoted by Ag clusters in Ag/Ga_2O_3 photocatalysts [J]. Journal of Materials Chemistry A, 2015, 3(32): 16810–16816.

[82] YIN G, NISHIKAWA M, NOSAKA Y, et al. Photocatalytic carbon dioxide reduction by copper oxide nanocluster–grafted niobate nanosheets [J]. ACS Nano, 2015, 9(2): 2111–2119.

[83] SHOJI S, YIN G, NISHIKAWA M, et al. Photocatalytic reduction of CO_2 by Cu_xO nanocluster loaded $SrTiO_3$ nanorod thin film [J]. Chemical Physics

Letters, 2016, 658: 309-314.

[84] LI M L, ZHANG L X, WU M Y, et al. Mesostructured CeO$_2$/g-C$_3$N$_4$ nanocomposites: remarkably enhanced photocatalytic activity for CO$_2$ reduction by mutual component activations[J]. Nano Energy, 2016, 19: 145-155.

[85] MENG A Y, ZHANG L Y, CHENG B, et al. TiO$_2$-MnO$_x$-Pt hybrid multiheterojunction film photocatalyst with enhanced photocatalytic CO$_2$-reduction activity[J]. ACS Applied Materials & Interfaces, 2019, 11(6): 5581-5589.

[86] XU Y F, YANG M Z, CHEN B X, et al. A CsPbBr$_3$ perovskite quantum dot/ graphene oxide composite for photocatalytic CO$_2$ Reduction[J]. Journal of the American Chemical Society, 2017, 139(16): 5660-5663.

[87] ZHANG G G, LIN L H, LI G S, et al. Ionothermal synthesis of triazine-heptazine-based copolymers with apparent quantum yields of 60% at 420 nm for solar hydrogen production from "Sea Water"[J]. Angewandte Chemie International Edition, 2018, 57(30): 9372-9376.

[88] MAREPALLY B C, AMPELLI C, GENOVESE C, et al. Enhanced formation of > C1 products in electroreduction of CO$_2$ by adding a CO$_2$ adsorption component to a gas-diffusion layer-type catalytic electrode[J]. ChemSusChem, 2017, 10(22): 4442-4446.

[89] KOČÍ K, MATĚJOVÁ L, TROPPOVÁ I, et al. Titanium and zirconium-based mixed oxides prepared by using pressurized and supercritical fluids: on novel preparation, microstructure and photocatalytic properties in the photocatalytic reduction of CO$_2$[J]. Catalysis Today, 2017, 287: 52-58.

[90] YUAN L, LU K Q, ZHANG F, et al. Unveiling the interplay between light-driven CO$_2$ photocatalytic reduction and carbonaceous residues decomposition: a case study of Bi$_2$WO$_6$-TiO$_2$ binanosheets[J]. Applied Catalysis B: Environmental, 2018, 237: 424-431.

[91] SHI R, WATERHOUSE G I N, ZHANG T R. Recent progress in photocatalytic CO$_2$ reduction over perovskite oxides[J]. Solar RRL, 2017, 1(11): 1700126.

[92] BARD A J. Photoelectrochemistry and heterogenous photo-catalysis at semiconductors[J]. Journal of Photochemistry, 1979, 10(1): 59-75.

[93] ZHOU P, YU J G, JARONIEC M. All-solid-state Z-scheme photocatalytic systems[J]. Advanced Materials, 2014, 26(29): 4920-4935.

[94] MAEDA K. Z-scheme water splitting using two different semiconductor photocatalysts[J]. ACS Catalysis, 2013, 3(7): 1486-1503.

[95] TADA H, MITSUI T, KIYONAGA T, et al. All-solid-state Z-scheme in CdS-Au-TiO$_2$ three-component nanojunction system[J]. Nature Materials, 2006, 5(10): 782-786.

[96] YU W L, CHEN J X, SHANG T T, et al. Direct Z-scheme g-C$_3$N$_4$/WO$_3$ photocatalyst with atomically defined junction for H$_2$ production[J]. Applied Catalysis B: Environmental, 2017, 219: 693-704.

[97] JIN J, YU J G, GUO D P, et al. A hierarchical Z-scheme CdS-WO$_3$ photocatalyst with enhanced CO$_2$ reduction activity[J]. Small, 2015, 11 (39): 5262-5271.

[98] QI K Z, CHENG B, YU J G, et al. A review on TiO$_2$-based Z-scheme photocatalysts[J]. Chinese Journal of Catalysis, 2017, 38(12): 1936-1955.

[99] WANG X W, LIU G, CHEN Z G, et al. Enhanced photocatalytic hydrogen evolution by prolonging the lifetime of carriers in ZnO/CdS heterostructures [J]. Chemical Communications, 2009, (23): 3452-3454.

[100] YU J G, WANG S H, LOW J X, et al. Enhanced photocatalytic performance of direct Z-scheme g-C$_3$N$_4$-TiO$_2$ photocatalysts for the decomposition of formaldehyde in air[J]. Physical Chemistry Chemical Physics, 2013, 15 (39): 16883-16890.

[101] LIU J J, CHENG B, YU J G. A new understanding of the photocatalytic mechanism of the direct Z-scheme g-C$_3$N$_4$/TiO$_2$ heterostructure[J]. Physical Chemistry Chemical Physics, 2016, 18(45): 31175-31183.

[102] FU J W, XU Q L, LOW J X, et al. Ultrathin 2D/2D WO$_3$/g-C$_3$N$_4$ step-scheme H$_2$-production photocatalyst[J]. Applied Catalysis B: Environmental, 2019, 243: 556-565.

[103] PAN Z M, ZHANG G G, WANG X C. Polymeric carbon nitride/reduced graphene oxide/Fe$_2$O$_3$: all-solid-state Z-scheme system for photocatalytic overall water splitting[J]. Angewandte Chemie International Edition, 2019, 58(21): 7102-7106.

[104] QI Y, ZHAO Y, GAO Y Y, et al. Redox-based visible-light-driven Z-scheme overall water splitting with apparent quantum efficiency exceeding 10%[J]. Joule, 2018, 2(11): 2393-2402.

[105] STOLARCZYK J K, BHATTACHARYYA S, POLAVARAPU L, et al. Challenges and prospects in solar water splitting and CO$_2$ reduction with inorganic and hybrid nanostructures[J]. ACS Catalysis, 2018, 8(4): 3602-3635.

[106] NGUYEN T T T, NGUYEN T H, NGUYEN M V, et al. Novel direct Z-scheme Cu$_2$V$_2$O$_7$/g-C$_3$N$_4$ for visible light photocatalytic conversion of CO$_2$ into valuable fuels[J]. Applied Surface Science, 2018, 457: 968-974.

[107] LOW J X, DAI B Z, TONG T, et al. In situ irradiated X-ray photoelectron spectroscopy investigation on a direct Z-scheme TiO$_2$/CdS composite film photocatalyst[J]. Advanced Materials, 2019, 31(5): 1807920.

[108] WANG S, ZHU B C, LIU M J, et al. Direct Z-scheme ZnO/CdS hierarchical photocatalyst for enhanced photocatalytic H$_2$-production activity [J]. Applied Catalysis B: Environmental, 2019, 243: 19-26.

[109] JIANG Z F, WAN W M, LI H M, et al. A hierarchical Z-scheme a-Fe$_2$O$_3$/g-C$_3$N$_4$ hybrid for enhanced photocatalytic CO$_2$ reduction [J]. Advanced Materials, 2018, 30(10): 1706108.

[110] SUN R Z, SHI Q M, ZHANG M, et al. Enhanced photocatalytic oxidation of toluene with a coral-like direct Z-scheme BiVO$_4$/g-C$_3$N$_4$ photocatalyst[J]. Journal of Alloys And Compounds, 2017, 714: 619-626.

[111] WANG P F, MAO Y S, LI L N, et al. Unraveling the interfacial charge migration pathway at the atomic level in a highly efficient Z-scheme photocatalyst[J]. Angewandte Chemie International Edition, 2019, 58(33): 11329-11334.

[112]YU W L, XU D F, PENG T Y. Enhanced photocatalytic activity of g-C₃N₄ for selective CO_2 reduction to CH_3OH via facile coupling of ZnO: a direct Z-scheme mechanism[J]. Journal of Materials Chemistry A, 2015, 3(39): 19936-19947.

[113]ZHANG J F, ZHOU P, LIU J J, et al. New understanding of the difference of photocatalytic activity among anatase, rutile and brookite TiO_2[J]. Physical Chemistry Chemical Physics, 2014, 16(38): 20382-20386.

[114]MIYATA A, MITIOGLU A, PLOCHOCKA P, et al. Direct measurement of the exciton binding energy and effective masses for charge carriers in organic-inorganic tri-halide perovskites[J]. Nature Physics, 2015, 11(7): 582-587.

[115]HONG S J, LEE S, JANG J S, et al. Heterojunction $BiVO_4/WO_3$ electrodes for enhanced photoactivity of water oxidation[J]. Energy & Environmental Science, 2011, 4(5): 1781-1787.

[116]WANG S C, HE T W, YUN J H, et al. New iron-cobalt oxide catalysts promoting $BiVO_4$ films for photoelectrochemical water splitting[J]. Advanced Functional Materials, 2018, 28(34): 1802685.

[117]WANG S C, CHEN P, YUN J H, et al. An electrochemically treated $BiVO_4$ photoanode for efficient photoelectrochemical water splitting[J]. Angewandte Chemie International Edition, 2017, 56(29): 8500-8504.

[118]ZHAO Z Y, LI Z S, ZOU Z G. Electronic structure and optical properties of monoclinic clinobisvanite $BiVO_4$[J]. Physical Chemistry Chemical Physics, 2011, 13(10): 4746-4753.

[119]LIU T F, ZHOU X, DUPUIS M, et al. The nature of photogenerated charge separation among different crystal facets of $BiVO_4$ studied by density functional theory[J]. Physical Chemistry Chemical Physics, 2015, 17(36): 23503-23510.

[120]ZENG C, HU Y M, ZHANG T R, et al. A core-satellite structured Z-scheme catalyst $Cd_{0.5}Zn_{0.5}S/BiVO_4$ for highly efficient and stable photocatalytic water splitting[J]. Journal of Materials Chemistry A, 2018, 6

(35)：16932–16942.

[121] HOU C C, LI T T, CHEN Y, et al. Improved photocurrents for water oxidation by using metal–organic framework derived hybrid porous Co$_3$O$_4$@ Carbon/BiVO$_4$ as a photoanode [J]. ChemPlusChem, 2015, 80 (9)：1465–1471.

[122] SUN S M, WANG W Z, ZHOU L, et al. Efficient methylene blue removal over hydrothermally synthesized starlike BiVO$_4$[J]. Industrial & Engineering Chemistry Research, 2009, 48(4)：1735–1739.

[123] HU Y, LI D Z, SUN F Q, et al. One–pot template–free synthesis of heterophase BiVO$_4$ microspheres with enhanced photocatalytic activity[J]. RSC Advances, 2015, 5(68)：54882–54889.

[124] LI R G, ZHANG F X, WANG D G, et al. Spatial separation of photogenerated electrons and holes among {010} and {110} crystal facets of BiVO$_4$[J]. Nature Communications, 2013, 4：1432.

[125] LI P, CHEN X Y, HE H C, et al. Polyhedral 30 – faceted BiVO$_4$ microcrystals predominantly enclosed by high – index planes promoting photocatalytic water–splitting activity[J]. Advanced Materials, 2018, 30 (1)：1703119.

[126] THALLURI S M, SUAREZ C M, HÉRNANDEZ S, et al. Elucidation of important parameters of BiVO$_4$ responsible for photo–catalytic O$_2$ evolution and insights about the rate of the catalytic process[J]. Chemical Engineering Journal, 2014, 245：124–132.

[127] LI J, LI Y, ZHANG W L, et al. Fabrication of novel tetrahedral Ag$_3$PO$_4$/g–C$_3$N$_4$/BiVO$_4$ ternary composite for efficient detoxification of sulfamethoxazole [J]. Process Safety and Environmental Protection, 2020, 143：340–347.

[128] LIN Y, PAN D M, LUO H. Hollow direct Z–Scheme CdS/BiVO$_4$ composite with boosted photocatalytic performance for RhB degradation and hydrogen production [J]. Materials Science in Semiconductor Processing, 2021, 121：105453.

[129] KIM C, CHO K M, AL–SAGGAF A, et al. Z–scheme photocatalytic CO$_2$

conversion on three-dimensional $BiVO_4$/carbon-coated Cu_2O nanowire arrays under visible light[J]. ACS Catalysis, 2018, 8(5): 4170-4177.

[130] CHEN S S, MA G J, WANG Q, et al. Metal selenide photocatalysts for visible-light-driven Z-scheme pure water splitting[J]. Journal of Materials Chemistry A, 2019, 7(13): 7415-7422.

[131] WANG Q, HISATOMI T, JIA Q X, et al. Scalable water splitting on particulate photocatalyst sheets with a solar-to-hydrogen energy conversion efficiency exceeding 1%[J]. Nature Materials, 2016, 15(6): 611-615.

[132] SUZUKI T M, YOSHINO S, TAKAYAMA T, et al. Z-Schematic and visible-light-driven CO_2 reduction using H_2O as an electron donor by a particulate mixture of a Ru-complex/$(CuGa)_{1-x}Zn_{2x}S_2$ hybrid catalyst, $BiVO_4$ and an electron mediator[J]. Chemcal Communications, 2018, 54: 10199-10202.

[133] IWASE A, YOSHINO S, TAKAYAMA T, et al. Water splitting and CO_2 reduction under visible light irradiation using Z-scheme systems consisting of metal sulfides, CoO_x-loaded $BiVO_4$, and a reduced graphene oxide electron mediator[J]. Journal of the American Chemical Society, 2016, 138: 10260-10264.

[134] ZHOU C G, WANG S M, ZHAO Z Y, et al. A facet-dependent schottky-junction electron shuttle in a $BiVO_4\{010\}$-Au-Cu_2O Z-scheme photocatalyst for efficient charge separation[J]. Advanced Functional Materials, 2018, 28 (31): 1801214.

[135] LUAN P, ZHANG Y, ZHANG X L, et al. Bismuth vanadate with electrostatically anchored 3D carbon nitride nano-networks as efficient photoanodes for water oxidation[J]. ChemSusChem, 2018, 11(15): 2510-2516.

[136] YE M Y, ZHAO Z H, HU Z F, et al. 0D/2D heterojunctions of vanadate quantum dots/graphitic carbon nitride nanosheets for enhanced visible-light-driven photocatalysis[J]. Angewandte Chemie International Edition, 2017, 56(29): 8407-8411.

[137] SAFAEI J, ULLAH H, MOHAMED N A, et al. Enhanced

photoelectrochemical performance of Z-scheme g-C$_3$N$_4$/BiVO$_4$ photocatalyst [J]. Applied Catalysis B:Environmental, 2018, 234: 296-310.

[138]XU Q L, ZHU B C, JIANG C J, et al. Constructing 2D/2D Fe$_2$O$_3$/g-C$_3$N$_4$ direct Z-scheme photocatalysts with enhanced H$_2$ generation performance[J]. Solar RRL, 2018, 2(3): 1800006.

[139]TAO X P, GAO Y Y, WANG S Y, et al. Interfacial charge modulation: an efficient strategy for boosting spatial charge separation on semiconductor photocatalysts[J]. Advanced Energy Materials, 2019, 9(13): 1803951.

[140]WANG S B, GUAN B Y, LOU X W D. Construction of ZnIn$_2$S$_4$-In$_2$O$_3$ hierarchical tubular heterostructures for efficient CO$_2$ photoreduction [J]. Journal of the American Chemical Society, 2018, 140(15): 5037-5040.

[141]WANG Q, WARNAN J, RODRÍGUEZ-JIMÉNEZ S, et al. Molecularly engineered photocatalyst sheet for scalable solar formate production from carbon dioxide and water[J]. Nature Energy, 2020, 5(9): 703-710.

[142]ZHANG W, MA J N, XIONG L Q, et al. Well-crystallized α-FeOOH cocatalysts modified BiVO$_4$ photoanodes for efficient and stable photoelectrochemical water splitting[J]. ACS Applied Energy Materials, 2020, 3(6): 5927-5936.

[143]WANG J M, GUO L L, XU L, et al. Z-scheme photocatalyst based on porphyrin derivative decorated few-layer BiVO$_4$ nanosheets for efficient visible-light-driven overall water splitting[J]. Nano Research, 2021, 14(5): 1294-1304.

[144]YE F, LI H F, YU H T, et al. Constructing BiVO$_4$-Au@CdS photocatalyst with energic charge-carrier separation capacity derived from facet induction and Z-scheme bridge for degradation of organic pollutants[J]. Applied Catalysis B:Environmental, 2018, 227: 258-265.

[145]SHEN R C, ZHANG L P, CHEN X Z, et al. Integrating 2D/2D CdS/α-Fe$_2$O$_3$ ultrathin bilayer Z-scheme heterojunction with metallic β-NiS nanosheet-based ohmic junction for efficient photocatalytic H$_2$ evolution[J]. Applied Catalysis B:Environmental, 2020, 266: 118619.

[146]YE W, SUN Z T, WANG C M, et al. Enhanced O_2 reduction on atomically thin Pt-based nanoshells by integrating surface facet, interfacial electronic, and substrate stabilization effects[J]. Nano Research, 2018, 11(6): 3313-3326.

[147]ZHANG X L, ZHANG X X, LI J D, et al. Exceptional visible-light activities of $g-C_3N_4$ nanosheets dependent on the unexpected synergistic effects of prolonging charge lifetime and catalyzing H_2 evolution with H_2O[J]. Applied Catalysis B:Environmental, 2018, 237: 50-58.

[148]LI J L, YUAN H, LI J X, et al. The significant role of the chemically bonded interfaces in $BiVO_4/ZnO$ heterostructures for photoelectrochemical water splitting[J]. Applied Catalysis B:Environmental, 2021, 285: 119833.

[149] XIAO F, SONG X X, LI Z H, et al. Embedding of Mg-doped V_2O_5 nanoparticles in a carbon matrix to improve their electrochemical properties for high-energy rechargeable lithium batteries[J]. Journal of Materials Chemistry A, 2017, 5(33): 17432-17441.

[150]XIAO Y T, TIAN G H, LI W, et al. Molecule self-assembly synthesis of porous few-layer carbon nitride for highly efficient photoredox catalysis[J]. Journal of the American Chemical Society, 2019, 141(6): 2508-2515.

[151]ONG W J, TAN L L, CHAI S P, et al. Highly reactive {001} facets of TiO_2-based composites: synthesis, formation mechanism and characterization [J]. Nanoscale, 2014, 6(4): 1946-2008.

[152]ZHANG H, CAI J M, WANG Y T, et al. Insights into the effects of surface/bulk defects on photocatalytic hydrogen evolution over TiO_2 with exposed {001} facets[J]. Applied Catalysis B:Environmental, 2018, 220: 126-136.

[153]LIU G, SUN C H, YANG H G, et al. Nanosized anatase TiO_2 single crystals for enhanced photocatalytic activity[J]. Chemical Communications, 2010, 46 (5): 755-757.

[154] LUAN Y B, JING L Q, WU J, et al. Long-lived photogenerated charge carriers of 001-facet-exposed TiO_2 with enhanced thermal stability as an efficient photocatalyst[J]. Applied Catalysis B:Environmental, 2014, 147:

29-34.

[155]ZHANG H N, LI Y F, WANG J Z, et al. An unprecedent hydride transfer pathway for selective photocatalytic reduction of CO$_2$ to formic acid on TiO$_2$ [J]. Applied Catalysis B: Environmental, 2021, 284: 119692.

[156]KSHETRI Y K, CHAUDHARY B, KAMIYAMA T, et al. Determination of ferroelastic phase transition temperature in BiVO$_4$ by Raman spectroscopy[J]. Materials Letters, 2021, 291: 129519.

[157]XIE M Z, FU X D, JING L Q, et al. Long-lived, visible-light-excited charge carriers of TiO$_2$/BiVO$_4$ nanocomposites and their unexpected photoactivity for water splitting[J]. Advanced Energy Materials, 2014, 4 (5): 1300995.

[158] KRESSE G, FURTHMÜLLER J. Efficiency of ab – initio total energy calculations for metals and semiconductors using a plane-wave basis set[J]. Computational Materials Science, 1996, 6(1): 15-50.

[159]KRESSE G, FURTHMÜLLER J. Efficient iterative schemes for ab initio total-energy calculations using a plane-wavebasis set[J]. Physical Review B: Condensed Matter, 1996, 54(16): 11169-11186.

[160]BLÖCHL P. Projector augmented-wave method[J]. Physical Review B: Condensed Matter, 1994, 50(24): 17953-17979.

[161]BINNS J, HEALY M R, PARSONS S, et al. Assessing the performance of density functional theory in optimizing molecular crystal structure parameters [J]. Acta Crystallographica Section B, 2014, 70(2): 259-267.

[162]GRIMME S. Semiempirical GGA-type density functional constructed with a long-range dispersion correction[J]. Journal of computational chemistry, 2006, 27(15): 1787-1799.

[163]CERDÁ J, SORIA F. Accurate and transferable extended Hückel-type tight-binding parameters[J]. Physical Review B, 2000, 61(12): 7965-7971.

[164]XI J Y, JIA R, LI W, et al. How does graphene enhance the photoelectric conversion efficiency of dye sensitized solar cells? An insight from a theoretical perspective[J]. Journal of Materials Chemistry A, 2019, 7(6):

2730-2740.

[165] FERNÁNDEZ-ARIZA J, CALDERÓN R M K, RODRÍGUEZ-MORGADE M S, et al. Phthalocyanine – perylenediimide cart wheels[J]. Journal of the American Chemical Society, 2016, 138(39): 12963-12974.

[166] DE LA ESCOSURA A, MARTÍNEZ-DÍAZ M V, THORDARSON P, et al. Donor–acceptor phthalocyanine nanoaggregates[J]. Journal of the American Chemical Society, 2003, 125(40): 12300-12308.

[167] CHEN D M, WANG K W, HONG W Z, et al. Visible light photoactivity enhancement via CuTCPP hybridized $g-C_3N_4$ nanocomposite[J]. Applied Catalysis B: Environmental, 2015, 166-167: 366-373.

[168] ZHANG X H, YU L J, ZHUANG C S, et al. Highly asymmetric phthalocyanine as a sensitizer of graphitic carbon nitride for extremely efficient photocatalytic H_2 production under near–infrared light[J]. ACS Catalysis, 2014, 4(1): 162-170.

[169] MORI S, NAGATA M, NAKAHATA Y, et al. Enhancement of incident photon–to–current conversion efficiency for phthalocyanine–sensitized solar cells by 3D molecular structuralization[J]. Journal of the American Chemical Society, 2010, 132(12): 4054-4055.

[170] GAO S, GU B C, JIAO X C, et al. Highly efficient and exceptionally durable CO_2 photoreduction to methanol over freestanding defective single–unit–cell bismuth vanadate layers[J]. Journal of the American Chemical Society, 2017, 139(9): 3438-3445.

[171] KUMAR P, KUMAR A, SREEDHAR B, et al. Cobalt phthalocyanine immobilized on graphene oxide: an efficient visible–active catalyst for the photoReduction of carbon dioxide[J]. Chemistry-A European Journal, 2014, 20(20): 6154-6161.

[172] WU Y S, JIANG Z, LU X, et al. Domino electroreduction of CO_2 to methanol on a molecular catalyst[J]. Nature, 2019, 575(7784): 639-642.

[173] ZHANG M Y, SHAO C L, GUO Z C, et al. Hierarchical nanostructures of copper(Ⅱ) phthalocyanine on electrospun TiO_2 nanofibers: controllable

solvothermal-fabrication and enhanced visible photocatalytic properties[J].
ACS Applied Materials & Interfaces, 2011, 3(2): 369-377.

[174]LUAN Y B, JING L Q, XIE M Z, et al. Synthesis of efficient N-containing TiO$_2$ photocatalysts with high anatase thermal stability and the effects of the nitrogen residue on the photoinduced charge separation [J]. Physical Chemistry Chemical Physics, 2012, 14(4): 1352-1359.

[175]MERUPO V I, VELUMANI S, ORDON K, et al. Structural and optical characterization of ball-milled copper-doped bismuth vanadium oxide (BiVO$_4$)[J]. CrystEngComm, 2015, 17(17): 3366-3375.

[176]REPP S, WEBER S, ERDEM E. Defect evolution of nonstoichiometric ZnO quantum dots [J]. Journal of Physical Chemistry C, 2016, 120(43): 25124-25130.

[177]BIAN J, QU Y, ZHANG X L, et al. Dimension-matched plasmonic Au/TiO$_2$/BiVO$_4$ nanocomposites as efficient wide-visible-light photocatalysts to convert CO$_2$ and mechanistic insights[J]. Journal of Materials Chemistry A, 2018, 6(25): 11838-11845.

[178]XU J, BIAN Z Y, XIN X, et al. Size dependence of nanosheet BiVO$_4$ with oxygen vacancies and exposed {001} facets on the photodegradation of oxytetracycline[J]. Chemical Engineering Journal, 2018, 337: 684-696.

[179]SUN Z Y, TALREJA N, TAO H C, et al. Catalysis of carbon dioxide photoreduction on nanosheets: fundamentals and challenges[J]. Angewandte Chemie International Edition, 2018, 57(26): 7610-7627.

[180]ZHANG X H, YU L J, LI R J, et al. Asymmetry and electronic directionality: a means of improving the red/near-IR-light-responsive photoactivity of phthalocyanine-sensitized carbon nitride [J]. Catalysis Science & Technology, 2014, 4(9): 3251-3260.

[181]PRAJAPATI P K, KUMAR A, JAIN S L. First photocatalytic synthesis of cyclic carbonates from CO$_2$ and epoxides using CoPc/TiO$_2$ hybrid under mild conditions[J]. ACS Sustainable Chemistry & Engineering, 2018, 6(6): 7799-7809.

[182] MENSING J P, KERDCHAROEN T, SRIPRACHUABWONG C, et al. Facile preparation of graphene – metal phthalocyanine hybrid material by electrolytic exfoliation[J]. Journal of Materials Chemistry, 2012, 22(33): 17094-17099.

[183] ZHANG M F, MURAKAMI T, AJIMA K, et al. Fabrication of ZnPc/protein nanohorns for double photodynamic and hyperthermic cancer phototherapy [J]. PNAS, 2008, 105(39): 14773-14778.

[184] WIBMER L, LOURENCO L M O, ROTH A, et al. Decorating graphene nanosheets with electron accepting pyridyl – phthalocyanines[J]. Nanoscale, 2015, 7(13): 5674-5682.

[185] ZHANG N, YANG M Q, LIU S Q, et al. Waltzing with the versatile platform of graphene to synthesize composite photocatalysts[J]. Chemical Reviews, 2015, 115(18): 10307-10377.

[186] WÜRTHNER F, KAISER T E, SAHA-MÖELLER C R. J-aggregates: from serendipitous discovery to supramolecular engineering of functional dye materials[J]. Angewandte Chemie International Edition, 2011, 50(15): 3376-3410.

[187] JAVED M S, SHAHEEN N, HUSSAIN S, et al. An ultra – high energy density flexible asymmetric supercapacitor based on hierarchical fabric decorated with 2D bimetallic oxide nanosheets and MOF – derived porous carbon polyhedra[J]. Journal of Materials Chemistry A, 2019, 7(3): 946-957.

[188] BIAN J, FENG J N, ZHANG Z Q, et al. Dimension – matched Zinc phthalocyanine/BiVO$_4$ ultrathin nanocomposites for CO$_2$ reduction as efficient wide-visible-light-driven photocatalysts via a cascade charge transfer[J]. Angewandte Chemie International Edition, 2019, 58(32): 10873-10878.

[189] ZHANG N, XIE S J, WENG B, et al. Vertically aligned ZnO-Au@CdS core-shell nanorod arrays as an all – solid – state vectorial Z – scheme system for photocatalytic application[J]. Journal of Materials Chemistry A, 2016, 4 (48): 18804-18814.

[190]WANG M, HAN Q T, LI L, et al. Construction of an all-solid-state artificial Z-scheme system consisting of Bi$_2$WO$_6$/Au/CdS nanostructure for photocatalytic CO$_2$ reduction into renewable hydrocarbon fuel [J]. Nanotechnology, 2017, 28(27): 1-8.

[191]DAS R, SUGIMOTO H, FUJII M, et al. Quantitative understanding of charge-transfer-mediated Fe^{3+} sensing and fast photoresponse by N-doped graphene quantum dots decorated on plasmonic Au nanoparticles[J]. ACS Applied Materials & Interfaces, 2020, 12(4): 4755-4768.

[192]CHEN F F, LU Q W, FAN T, et al. Ionic liquid [Bmim] [AuCl$_4$] encapsulated in ZIF-8 as precursors to synthesize N-decorated Au catalysts for selective aerobic oxidation of alcohols[J]. Catalysis Today, 2020, 351: 94-102.

[193]DENG Y, ZHANG Z, DU P Y, et al. Embedding ultrasmall Au clusters into the pores of a covalent organic framework for enhanced photostability and photocatalytic performance [J]. Angewandte Chemie International Edition, 2020, 59(15): 6082-6089.

[194]MURUGAN C, NATARAJ R A, KUMAR M P, et al. Enhanced charge transfer process of bismuth vanadate interleaved graphitic carbon nitride nanohybrids in mediator - free direct Z scheme photoelectrocatalytic water splitting[J]. ChemistrySelect, 2019, 4(16): 4653-4663.

[195]KUMAR P, KUMAR A, JOSHI C, et al. Heterostructured nanocomposite tin phthalocyanine@ mesoporous ceria (SnPc@ CeO$_2$) for photoreduction of CO$_2$ in visible light[J]. RSC Advances, 2015, 5(53): 42414-42421.

[196]XU T, QU R J, ZHANG Y, et al. Preparation of bifunctional polysilsesquioxane/carbon nanotube magnetic composites and their adsorption properties for Au (Ⅲ) [J]. Chemical Engineering Journal, 2021, 410: 128225.

[197]MAGUREANU M, MANDACHE N B, RIZESCU C, et al. Engineering hydrogenation active sites on graphene oxide and N - doped graphene by plasma treatment [J]. Applied Catalysis B: Environmental, 2021,

287: 119962.

[198] LI H, SHANG J, YANG Z P, et al. Oxygen vacancy associated surface fenton chemistry: surface structure dependent hydroxyl radicals generation and substrate dependent reactivity [J]. Environmental Science & Technology, 2017, 51(10): 5685-5694.

[199] HOU X J, HUANG X P, JIA F L, et al. Hydroxylamine promoted goethite surface fenton degradation of organic pollutants[J]. Environmental Science & Technology, 2017, 51(9): 5118-5126.

[200] LI H, QIN F, YANG Z P, et al. New reaction pathway induced by plasmon for selective benzyl alcohol oxidation on BiOCl possessing oxygen vacancies [J]. Journal of the American Chemical Society, 2017, 139(9): 3513-3521.

[201] WANG H, YONG D Y, CHEN S C, et al. Oxygen-vacancy-mediated exciton dissociation in BiOBr for boosting charge-carrier-involved molecular oxygen activation[J]. Journal of the American Chemical Society, 2018, 140(5): 1760-1766.

[202] WANG L L, LAN X, PENG W Y, et al. Uncertainty and misinterpretation over identification, quantification and transformation of reactive species generated in catalytic oxidation processes: a review[J]. Journal of Hazardous Materials, 2021, 408: 124436.

[203] LIU Y P, LI Y H, LI X Y, et al. Regulating electron-hole separation to promote photocatalytic H_2 evolution activity of nanoconfined Ru/MXene/TiO$_2$ catalysts[J]. ACS Nano, 2020, 14(10): 14181-14189.

[204] YANG P J, WANG R R, TAO H L, et al. Cobalt nitride anchored on nitrogen-rich carbons for efficient carbon dioxide reduction with visible light [J]. Applied Catalysis B:Environmental, 2021, 280: 119454.